宠物医生助理
实用手册

姜汹　易维学　张辉　主编

化学工业出版社

·北京·

图书在版编目（CIP）数据

宠物医生助理实用手册 / 姜泅，易维学，张辉主编.
北京：化学工业出版社，2025.7. -- ISBN 978-7-122
-48111-5

Ⅰ. S858.93-62

中国国家版本馆 CIP 数据核字第 2025ZK5827 号

责任编辑：邵桂林
责任校对：王　静　　　　　　　　装帧设计：韩　飞

出版发行：化学工业出版社
　　　　　（北京市东城区青年湖南街 13 号　邮政编码 100011）
印　　装：北京云浩印刷有限责任公司
850mm×1168mm　1/32　印张 5¼　字数 119 千字
2025 年 8 月北京第 1 版第 1 次印刷

购书咨询：010-64518888　　　　　售后服务：010-64518899
网　　址：http://www.cip.com.cn
凡购买本书，如有缺损质量问题，本社销售中心负责调换。

定　　价：38.00 元　　　　　　　　版权所有　违者必究

编写人员名单

主　　编　姜　汭　易维学　张　辉

副 主 编　李奥运　杨奇慧

编写人员　姜　汭（湖北三峡职业技术学院）

易维学（湖北三峡职业技术学院）

张　辉（华南农业大学）

李奥运（河南农业大学）

杨奇慧（三峡职院瑞派宠物医院）

韩　菲（湖北三峡职业技术学院）

李　根（湖北三峡职业技术学院）

叶　蒂（湖北三峡职业技术学院）

霍家奇（武汉芭比堂卓越动物医院）

周　杨（宜昌喵乐殿宠物医院）

张世虎（宜昌乐派宠物医院）

吴庚茂（武汉瑞派宠物医院）

前 言

　　随着我国宠物经济的蓬勃发展和动物福利意识的提高，宠物医疗行业正经历着专业化、规范化的深刻变革。作为连接宠物医生与宠物主人的重要纽带，宠物医生助理不仅需要扎实的理论基础，更要具备应对临床实际问题的综合能力。本书立足于行业发展需求，由来自多年从事动物医学实践教学的高校教师与一线动物医院资深医师组成的编委会共同完成，力求打造一本理论与实践深度融合的职业指导书籍。

　　全书内容架构基于宠物医疗工作的全流程设计，系统划分为三大核心模块。在"宠物疾病诊断"部分，涵盖了宠物福利，结合临床检查、实验室检查和特殊仪器检查等方法，帮助助理人员快速建立临床思维。"宠物疾病防护"部分不仅涵盖了鼻饲管放置、食道胃管放置等常规内容，更融入了口腔清洁、挤肛门腺等疾病护理操作；而"宠物医院管理"部分，从手术管理到住院部管理，全面梳理了现代动物医院运营的标准化流程。

　　值本书出版之际，谨向参与案例收集的动物医院、所有在编写过程中给予宝贵意见的临床工作者致以诚挚谢意。我们期待这本凝聚行业智慧的实用手册，能成为宠物医疗从业者职业发展道路上的可靠伙伴，共同推动小动物医疗事业向着更专业、更人文的方向持续迈进。由于编者水平有限，加之时间仓促，书中定会存在不足之处，恳请读者批评指正。

编者

2025 年 2 月

目 录

第二章　宠物疾病防护　074

第一章

宠物疾病诊断

第一节　宠物福利

适用于宠物医生助理对动物福利的认知与关注。

一、宠物福利评估

宠物福利评估主要是基于行为学、生理学及环境适配性的综合评估。

二、宠物福利范畴

（1）享受不受饥渴的自由（提供生理健康和活力所需的清洁饮水和食物）。

（2）享有生活舒适的自由（提供适当的房舍或栖息场所，让动物能够舒适地休息和睡眠）。

（3）享有不受痛苦、伤害和疾病的自由（通过有效预防、及时诊断和治疗来实现）。

（4）享有表达天性的自由（提供足够的活动空间、合适的生活设施及相同种类的伙伴）。

（5）享有生活无恐惧和无悲伤的自由（通过确保相应生活条件和正确的对待态度来避免其心理受到伤害）。

三、伴侣宠物福利问题

（1）不正确的喂食（含过度喂食）和饮水。

（2）品种或遗传因素带来的福利问题，如呼吸困难、皮肤皱褶、疼痛、生殖等问题。

（3）生活环境恶劣或对生活环境厌烦（尤其是室内动物），缺乏生活趣味和适当的运动。

（4）因整形带来的肢体损伤，如裁耳、断尾等。

（5）饲养密度过大，冲动购买及随意抛弃或处死。

（6）流浪动物——缺乏食物、水、栖息场所和护理等。

（7）以人道或不人道的方式进行安乐死。

四、注意要点

（1）宠物福利是指宠物如何适应其所处的环境，满足其基本的自然需求。

（2）宠物福利常指人类对宠物健康的关注，或者人类关于宠物福利或者宠物道德和宠物权利的讨论。

（3）提高宠物福利的动力　爱心、技能、责任、敬畏、同情心、换位思考、感情、实用、遗传因素、文化因素、专业精神、思政元素（社会主义核心价值观）、法治意识、劳动教育理念等。

（4）动物保护　为保存物种资源或保护生物多样性，身体上和精神上，采取良好的饲养管理、卫生条件、预防用药和及时治疗受伤及患病动物。

第二节　宠物保定

一、接近宠物

适用于宠物医生助理接近就诊的陌生宠物。

1. 操作流程

所需物品：口笼、嘴套、伊丽莎白圈等。

（1）并非所有犬、猫的性情都是温顺的，因此在面对陌生宠物时，我们不可贸然地去接近或抚摸它们，尤其是动物爱好者或保护者收养的流浪犬、猫，它们具有较高的警惕性，应更加谨慎。

（2）近距离视诊或做基本的体格检查前，我们首先应询问宠主或收养人，该犬、猫性情是否温顺？是否愿意让生人触摸？平时是否会咬人、抓人？犬一般对主人有依赖性，当我们接近陌生犬时，其主人最好在场，尝试呼唤其名字，并从其能看见的角度慢慢接近，注意观察其有无放松警惕。

（3）尝试接近陌生犬、猫时，动作要轻缓，周围环境尽量保持安静，可缓慢地把自己的拳头伸到犬、猫鼻前，让犬、猫闻一下味道。

（4）如果宠物仍不让生人接近，在宠主或收养人切实抓紧该宠物颈带（绳）的前提下，根据检查需要采取恰当的固定，通常先进行口笼或项圈保定，最大程度地避免检查者被宠物咬伤或抓伤。

（5）接近宠物后，尽量蹲下来，减少因自己比宠物高太多而造成的压力，可在一侧后方用手掌轻轻抚摸犬的背部；可抚摸猫耳后或搔挠其下颌，待其逐渐安静后，再开始相关检查。

（6）如果尝试上述方法后，陌生宠物仍然极其恐惧或有攻击倾向，切勿强行接触，可与主治医生协商下一步方案。

2. 注意要点

（1）务必先询问宠主，能否接近或触摸该宠物，以及哪个敏感部位不可以触摸。

（2）务必先询问宠主，该宠物有无咬人习惯，避免冒失接近。

（3）犬对生人的警惕性或攻击性表现在：怒目圆睁，龇牙咧嘴，或发出轻微连续吼声，如犬只有如此表现，则停止接近。

（4）对猫不要长时间直视其眼睛，因为那是打架的准备动作之一，有示威不服输的含义。

（5）伸拳头给犬猫熟悉味道时，动作不可以过快，一方面需要时刻留意宠物的状态，如果有攻击倾向，需要马上缩手躲避，另一方面过快的动作会吓到宠物，增加其警惕性。

二、犬口笼保定

犬口笼保定（图 1-1）适用于兴奋性犬或较凶的犬。

图 1-1　犬口笼保定

1. 操作流程

所需物品：塑料口笼、尼龙布、绷带或牛皮制嘴套等。

（1）根据犬嘴部大小，选择合适规格的口笼或嘴套，预留足够长的锁扣或扎带（宁长勿短）。

（2）若犬凶难以接近，应指导主人将口笼或嘴套给其戴上。

（3）从侧面小心接近犬（可由主人在前面引逗，转移注意力），手握嘴套两侧扎带和嘴套连接部，保持嘴套呈撑起形态。

（4）趁犬只不备，迅速将嘴套从其侧后方套上嘴部，两手顺势沿着扎带后滑，将扎带从耳根下方拉到头后部。

（5）迅速扣上锁扣和/或抽紧扎带。

2. 注意要点

（1）口笼保定以尼龙布或绷带扎口为宜。

（2）必要时还可佩戴伊丽莎白圈，防止犬将嘴套撕脱。

（3）对性情较凶的犬，在不影响检查的前提下，可由医生开具适量镇静药或肌松药。

三、犬站立保定

犬站立保定（图1-2）适合于10kg以上犬。

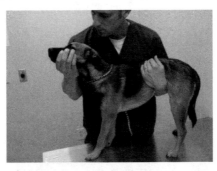

图1-2　犬站立保定

1. 操作流程

所需物品：线绳、嘴套或口笼等。

（1）对不温顺或不了解性情的犬，先行适当的扎口、嘴套、口笼或头套保定。

（2）保定者蹲于犬只左侧或右侧，一手从其颈部下方绕过颈部，将犬头部紧贴保定者胸部；另一手从其腹部下方向上横过（或从其背部向下横过），将其躯体揽向保定者胸部，防止犬坐下。

（3）若进行眼睛和耳朵检查，保定者可用一只手向上托起犬下颌并握住犬嘴，另一只手臂经犬背腰部向外抓住外侧前肢上部，从而限制犬张口和走动，通过上抬或下压犬嘴部，配合检查。

（4）注射时也可使犬坐下，保定者将后面的手改成在犬背部上方压住犬，并将其揽向保定者胸部，同时用手肘施压，使犬坐下。

2. 注意要点

（1）保定时若犬只后腿向前踢，可由两人进行保定，由一人双手保定后肢跗关节，防止犬只脚趾抓伤保定者。

（2）对性情较凶的犬，并且在站立保定下才能容易进行某些检查或治疗时，在不影响检查的前提下，可由医生开具适量镇静药或肌松药。

四、犬侧卧保定

犬侧卧保定（图 1-3）适合于温顺型犬的倒卧保定。

1. 操作流程

所需条件：治疗台或地面。

（1）对不温顺或不了解性情的犬，先行适当的扎口、嘴套、

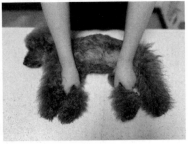

图 1-3 犬侧卧保定

口笼或头套保定。

（2）将体型偏小的犬抱到诊疗台上，保定者站在犬一侧，两只手经其外侧体壁向下至腹下，分别抓住内侧前肢腕部和后肢小腿部，用力使其离开台面，犬即倒向保定者一侧，然后用两前臂分别轻压犬的肩部和臀部，使犬不能站立。

（3）体型稍大的犬可由两人保定，一人在头侧抓住两前肢，一人在尾侧抓住两后肢，确定体位后（左侧卧/右侧卧），同时将犬举离台面，然后两人分别压住犬的肩部和臀部，使犬不能站立。

（4）体型更大的犬，建议由 3 人进行，1 人负责保护头部，防止撞地；另 2 人操作同（3）。

2. 注意要点

（1）犬落地时防止其过度挣扎，避免发生意外撞伤或抓伤保定者。

（2）防止犬翻身起立的要点是保定其头部不得抬起，但不能按压胸腔。

（3）保定时不能过度按压腹腔，防止已充盈的膀胱发生破裂。

五、犬台面保定

犬台面保定（图 1-4）适合于 5～10kg 的犬。

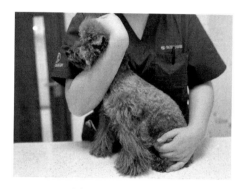

图 1-4　犬台面保定

1. 操作流程

所需物品：伊丽莎白圈、线绳、嘴套或口笼等。

（1）对不温顺或不了解性情的犬，先佩戴伊丽莎白圈或进行适当的扎口、嘴套、口笼或头套保定。

（2）保定者弯腰或蹲于犬只左侧或右侧，一手自犬颈部下方绕至对侧，阻拦其前进；另一手自犬后肢后方在股部水平绕过，防止其后退。

（3）将犬靠近保定者胸部后，将犬放在台面上。

（4）为检查治疗需要，也可用手按压犬臀部使其为坐姿，然后用手固定犬股部防止其起立。

2. 注意要点

（1）对性情较凶的犬，并且在台面保定下才容易进行某些检查或治疗时，在不影响检查的前提下，可由医生开具适量镇静药或肌松药。

（2）对体重大且不肯上台的犬只，可不采用台面保定手法，改为地面保定方式。

六、犬怀抱保定

犬怀抱保定（图1-5）适用于安静型的小型犬或幼龄犬。

图1-5 犬怀抱保定

1. 操作流程

所需物品：伊丽莎白圈、绷带等。

（1）适合于5kg以下的犬。

（2）对不温顺或不了解性情的犬，先佩戴伊丽莎白圈或进行适当的扎口保定。

（3）保定者背部挺直，蹲于犬只左侧或右侧。

（4）一手自犬颈部下方绕至对侧，固定头部；另一手自犬后肢后方在股部水平绕过，抓住双前肢，手前臂压住双后肢。

（5）将犬揽向保定者身体，靠近胸部。

（6）用犬腿部的力量伸直自身，将犬抬离地面。

2. 注意要点

（1）保定时，必须固定好犬的头部和四爪，防止被抓踢。

（2）在保定头部时，对颈部的牵制不要过度，注意动物的呼吸和舌色，防止发生窒息等意外事故。

（3）对有关节问题的犬，应特别避免保定动作造成四肢二次损伤。

七、犬猫脖圈保定

脖圈保定（图1-6）适用于犬猫的头部保定，以防咬伤人员。

图1-6　猫脖圈保定

1. 操作流程

所需物品：伊丽莎白圈、绷带、封箱胶等。

（1）选择头套

① 短嘴猫/犬：用软尺或手指绕着犬猫颈部，贴着皮肤测量其颈围，若因犬、猫太凶而无法测量，可直接目测颈围大小，再选择合适的头套。

② 长嘴犬：用软尺测量/目测该犬嘴长，选择比犬嘴稍长一点的头套，在给动物戴头套时，不能用头套配有的按扣/魔术贴进行接合，而将头套内径缩小至颈围大小后，利用封箱胶在外部

结合处贴紧。

（2）头套戴法　将头套开口向上，凹面向前，小心从宠物侧面靠近；从侧面切入颈部后，绕过颈部下方，在头背侧快速重叠，控制闭合后的松紧度，扣上按扣或贴紧魔术贴。

（3）特殊戴法　如宠物较凶，最好两人配合：一人先用一个大号头套护住头部，另一人迅速在外围再套一个大小合适的头套。

2. 注意要点

（1）戴上脖圈后的松紧度以能在脖圈内径伸进一指或两指为宜。

（2）若宠物挣扎严重，并有用爪拨动头套的表现时，一般需要在外部结合处用胶带密封。

八、猫的抓取

抓取（图1-7）适用于性情温顺的猫。

图1-7　猫的抓取和保定

1. 操作流程

所需物品：伊丽莎白圈。

（1）抓取目的　对猫采取可能会造成不适或疼痛的检查或治

疗时，或者要把猫从猫袋、背包、航空箱等取出或装入时，都需要抓取猫。

（2）抓取手法　面对陌生猫，先戴上伊丽莎白圈，右手从猫后背往头侧方向抓紧猫双前肢，小臂压着股部，左手从颈背部往尾侧方向抓紧猫双后肢，小臂压紧肩部，双手呈交叉方式，可用于测量体温和皮下注射等。

（3）猫装袋（包、箱）　如需检查或治疗，或检查治疗完毕，按实际需要将猫慢慢放入已经打开的猫袋、背包或航空箱内。

（4）保定猫咪　如为进行短暂、简单的检查，在将猫抓取起来后，可将猫靠近保定者胸部，一手托住猫头颈部，另一手臂顺势将猫前肢靠向胸部，可供医生进行检查。

2. 注意要点

（1）抓取体型较小或体重较轻的猫时，可一手直接抓取其颈背部皮肤，另一只手抓紧其后肢。但对背部有损伤的猫，不宜用此法。

（2）操作时务必注意周围不要有任何声响，避免刺激猫出现攻击行为。

九、猫袋保定

猫袋保定（图1-8）适用于猫和不易控制的小型犬。

1. 操作流程

所需物品：不同规格的保定袋、伊丽莎白圈。

（1）选择猫袋　猫袋分大、中、小号，要根据猫的体型大小，选择合适的猫袋，并把4条腿部的拉链拉合。

（2）内衬尿垫　打开猫袋背部的易可贴，松开头部固定带；

图 1-8 猫袋保定

如患猫有腹泻等可能污染猫袋的情况，可在内部放入一张尿垫。

（3）装猫入袋 观察猫有无强烈抵触的表现，如无则直接把猫放入袋中；若猫挣扎反抗，先戴伊丽莎白圈，再由 1 个助理双手抓住猫的四肢，让其四肢弯曲呈俯卧姿势进入猫袋。

（4）粘贴固定 逐一贴紧颈部、背侧和尾侧的易可贴，使猫呈趴下（俯卧）姿势；抓住猫四肢的双手可在贴紧背侧易可贴后抽离出猫袋。

（5）检查治疗 根据检查或治疗需要，拉开猫袋对应位置的拉链或部分易可贴，即可进行操作。

（6）操作完成 检查或治疗完成后，将拉出的肢体送回袋中，再把该侧拉链拉好，撕开背部易可贴和颈部固定带，将猫取出。

2. 注意要点

（1）使用保定袋前必须检查保定袋是否完好无损，尤其要检查易可贴能否正常粘贴。

（2）对于敏感紧张的猫，将其放入保定袋后，使其安静一段时间，再进行下一步的检查操作，并观察是否有呼吸急促的现象。

（3）对猫进行四肢静脉采血时，可先剪短指甲，防止抓伤人员。

（4）使用保定袋时，根据猫的性情，酌情使用伊丽莎白圈，确保操作时不被咬伤。

（5）保定袋是贴身使用的保定器材，为防止疾病传播，必须避免当天在不同动物个体之间重复使用。

（6）已消毒保定袋使用一次后，便应搁置在特定地方，待清洗消毒后再次使用。

第三节　临床检查

一、体温测量

体温测量（视频 1-1）适用于对门诊及住院病例。

1. 操作流程

所需物品：体温计、一次性肛表套（体温计套）、润滑剂。

（1）捏紧体温计末端，用力下甩 3～5 次，观察体温计水银柱在 35℃ 以下方能使用。

视频 1-1

犬体温测量

（扫码观看）

（2）将体温计一次性插入肛表套内，表面涂擦少量润滑剂（有些肛表套附有润滑剂则无需再涂擦），然后提高宠物尾巴，以转动方式将体温计 1/3～1/2 的长度缓慢地内旋插入肛门内。

（3）保定宠物不动，连带宠物尾巴一起捏紧体温计，保持至少 1min。

（4）将肛表套连同体温计一同抽出肛门，观察肛表套表面上粪便的性状、颜色，以及是否黏附异常血块等物质，是否有异常味道；去除肛表套（如未用肛表套，则用手纸擦去石蜡油和黏着粪便），直接肉眼观察所测量的体温数据。

（5）完成体温测量后，将体温计泡于消毒液中，或置于紫外线下进行消毒。

2. 注意要点

（1）测量体温时，建议让宠主协助保定。

（2）宠物在骚动的情况下，易造成体温升高或体温计断裂的危险。

（3）宠物运动后或室外温度较高时，建议让宠物安静 30min 后再进行测量。

（4）对于不配合直肠测温的宠物，可将体温计置于动物腋下测量，但须加 1℃（与直肠温度相当）。另外，也可以用电子体温计测量耳温，另加 0.5℃（与直肠温度相当）。

二、心脏听诊

心脏听诊（图 1-9）适用于对宠物心脏功能进行一般检查。

图 1-9 犬心脏听诊

1. 操作流程

所需物品：听诊器

（1）犬心率最佳听诊位置

① 左侧：第5～6肋间下方为二尖瓣，第4～5肋中部为主动脉瓣，第3～4肋间下方为三尖瓣。

② 右侧：第4～5肋间下方为三尖瓣。

（2）犬猫正常心率

① 成年犬：70～160次/min；幼犬：＜220次/min。

② 大型犬：60～140/min；玩具犬：＜180次/min。

③ 猫：120～240次/min。

2. 注意要点

（1）小型犬和猫，心音听诊区域靠近胸骨处；大型犬稍远离胸骨。

（2）听诊心音时，若受呼吸音影响，可短暂掩盖宠物的口鼻，可区分心杂音和呼吸杂音。

（3）测量心率时，一般测量15s内心脏的搏动次数，再乘以4，则是每分钟的心跳次数。

三、脉搏检查

脉搏检查（图1-10）适用于不便对宠物心脏听诊时，可通过脉搏检查间接地了解其心率和心律等。

1. 操作流程

（1）检查部位　脉搏检查的部位大多选择后肢股内侧股动脉，并在宠物安静时进行。

（2）检查方法　犬猫站立，检查者位于犬猫侧后方，一手握住犬猫后躯或股后部保定动物，使其稳定不动，一手伸入股内

图 1-10　犬脉搏检查

侧，用手指触摸股动脉，感觉其波动强度、每分钟搏动次数、节律等，并作记录。

2. 注意要点

（1）脉搏检查是了解心脏功能与血液循环状态的一种方式，有助于评估宠物抵御疾病的能力，并对输液治疗提供指导。

（2）成年犬脉搏数为 70～160 次/min，小型犬脉搏数可达 80～120 次/min 或以上，猫脉搏数为 120～240 次/min 或以上。脉搏数增加或减少的意义与心率改变基本相同。

（3）对怀疑有心脏病的动物，必须在听诊心率后同时检测脉搏情况，若出现心率与脉搏不一致时，提示疾病的严重性。

四、急危症判断

急危症判断适用于前台或助理对急危症病例的快速诊断。

1. 操作流程

（1）皮肤与可视黏膜颜色反映的病情状态

① 潮红：是单纯性结膜炎或发热性疾病的局部反映。

② 黄染：提示机体可能患有血液或肝胆疾病。

③ 发绀：提示机体缺氧，常见于大叶性肺炎等。

④ 苍白：提示机体贫血。

（2）精神状态与神经反射反映的病情状态　观察宠物的精神、运动状态，是否清醒、有意识，是否可自主运动，是否昏迷或休克等，区分病情轻重程度。检查宠物的神经反射是否正常，通常首先检查眼部反射情况，顺序为眼睑、角膜、瞳孔。

恐吓反射指在有外界刺激时有闭眼反应；角膜反射指用棉签轻触角膜时，同样有眨眼表现；瞳孔反射指随光线照射的强弱不同，瞳孔缩小或散大的反应。

（3）毛细血管再充盈时间（CRT）反映的病情状态　CRT主要反映宠物的循环状态，是指用手指按压齿龈某区域 1s 后松开，黏膜由白色恢复至粉红色所需要的时间。正常情况下 CRT $<2s$，如 CRT$>2s$ 提示末梢循环不良，可能与寒冷、贫血、休克、心血管疾病等导致的末梢循环障碍有关。

（4）体温、心率、呼吸数、血压反映的病情状态　体温、心率、呼吸数和血压是最基本的生命指征，临床检查和判断疾病必不可少。

① 体温：以检查直肠温度为宜，犬正常体温是 $38\sim39℃$，猫正常体温是 $38.5\sim39.2℃$，若体温低于 38℃ 或高于 40℃ 应立即让主治医生检查。

② 心率/脉搏：犬正常值为 $70\sim160$ 次/min，猫正常值为 $120\sim240$ 次/min，心脏听诊获得心率，测量股动脉记录脉搏。

③ 呼吸数及特征：犬正常值为 $15\sim30$ 次/min，猫正常值为 $20\sim40$ 次/min。通过目测胸腹部起伏或听诊测出呼吸数，检查动物的呼吸情况，如出现呼吸急促（>60 次/min）、张口呼吸、喘等表现，要立即安排吸氧处理。

④ 血压：正常值为 $60\sim100mHg$，血压降低反映心血管功能减弱，病情较重。

（5）动物皮肤弹性和脱水状态反映的病情状态　脱水程度一般分为以下几种情况：

① 轻度脱水（<5%）：无明显症状，皮肤回缩<2s，黏膜湿润且粉红，眼球无下陷。

② 轻度脱水（5%～6%）：皮肤弹性轻微丧失。

③ 中度脱水（6%～8%）：皮肤弹性明显丧失，皮肤回缩2～4s，毛细血管再充盈时间延长，眼球稍微陷入眼窝，口腔黏膜稍微干燥。

④ 重度脱水（8%～10%）：皮肤回缩5～10s，黏膜干或黏，眼球下陷。

⑤ 重度脱水（10%～12%）：皮肤回缩10～30s，眼球深陷，黏膜干燥苍白，以及沉郁、末梢冰凉、脉搏细速、心动过速等休克早期症状。

⑥ 重度脱水（12%～15%）：低血容量性休克，黏膜苍白，脉搏微弱，随时会死亡。

2. 注意要点

（1）前台和助理对于急危重病例的认识和快速判断，有助于根据该病例的轻重缓急程度，恰当安排、及时指引，为下一步的诊治和预后发挥关键作用。

（2）熟悉急危重病例的生命迹象指标，是认识和判断轻重缓急程度的重要依据。

（3）对于体温升高的病例，需要考虑是否为由于紧张、兴奋或运动后导致的体温高，建议休息一段时间再次测量体温，以求客观、准确。

五、急危症处置

急危症处置适用于前台或助理对急危症病例的紧急处理。

1. 操作流程

所需物品：气管插管、呼吸机、留置针、急救药物等。

（1）保持动物呼吸道通畅

① 清理口腔：让患宠俯卧或侧卧，用开口器或绷带打开口腔，用生理盐水清洗。

② 清理鼻腔：用负压抽吸或用棉签擦拭除去鼻腔分泌物。

③ 优先供氧：有多种方式，如吸氧管供氧、面罩供氧、氧气笼供氧和气管插管呼吸机供氧，对于呼吸微弱或停止、休克病例，尽量通过气管插管正压给氧。

④ 供氧后观察黏膜颜色：粉红色反映血氧饱和度高，发绀反映血氧饱和度低。有条件的使用血氧仪或监护仪监测供氧效果，血氧饱和度＞95％为正常，血氧饱和度＜90％为异常，血氧饱和度＜80％则为发绀，有死亡危险。

（2）定时监测体温、心率和呼吸　当体温低时，借助保温毯或暖水袋为动物保暖。当给昏迷或休克的动物静脉补液时，应每2h为动物翻身1次，防止长时间的固定姿势影响被压部位的血液循环，同时防止肺水肿等不良情况的发生。每隔一段时间听诊心率、心律、心音强弱，掌握心脏功能状态。

（3）维持有效循环血量和心脏功能　通过血常规检查和血气电解质检验，及时合理地输液，纠正水和电解质紊乱及酸碱平衡紊乱。通过测量血压，了解心血管功能状态，同时注意保持正常体温。监测毛细血管再充盈时间，掌握末梢血液循环是否得到改善。注意疼痛管理，按照医嘱给予相应药物。

2. 注意要点

（1）必要时可事先准备急救药，如阿托品、肾上腺、多巴胺等。

（2）紧急处理中毒病例时，应准备好解毒药，如碘解磷定、乙酰胺等，遇抽搐病例可预备好地西泮。

（3）助理迅速处理危急病例后，应立即写好病危通知书，告知宠主宠物的危急情况，同时完成对宠物进行紧急处理的同意签字。

六、心电图操作

心电图操作（视频1-2）适用于对临床病例进行心电图检查。

1. 操作流程

所需物品：心电图仪、心电图耦合剂或75%酒精、毯子。

（1）动物保定　让动物处于安静状态下，犬首选右侧卧，四肢与躯干垂直；猫选坐姿。确保宠物与桌面绝缘，可在桌面铺上毯子。

（2）处理电极夹连接位置　在宠物肘关节后方和膝关节前方涂抹心电图耦合剂或75%酒精，长毛动物为避免接触不良需要局部剃毛。

（3）夹电极　按照标识，轻柔地在宠物肘关节后方和膝关节前方给宠物夹上电极。若宠物反应激烈，可在夹电极的部位垫上棉花减少疼痛刺激。

（4）调整导联　调整使所有导联的图像能完全显示而不重叠、基线平稳，反复测量3~5次，即可打印结果进行分析（图1-11）。

2. 注意要点

（1）保定人员或宠物主人应与宠物绝缘，如需接触，可佩戴手套。

（2）若使用酒精，需在5~10min内完成检测，以免酒精挥发影响效果。

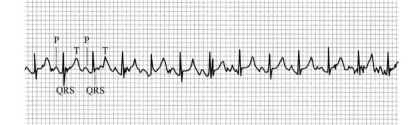

图 1-11　犬（猫）心电图检查

（3）检查时远离其他电子设备，不用手机，以避免电流、电磁干扰。

（4）操作者在测量时不能触碰导线，也不要让导线接触宠物躯干，以避免呼吸运动造成影响。

七、电子血压计用法

电子血压计（图 1-12）适用于体检、急症、围手术期的常规检查。

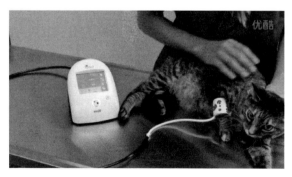

图 1-12　顺泰医疗 SunTech Vet 20 电子血压计（图片源自网络）

1. 操作流程

所需物品：SunTech Vet 20 兽用电子血压仪、多规格袖带。

（1）检查设备　检查血压计和袖带是否正常、有无故障。

（2）动物保定　保持环境安静，使动物安静且呈趴卧或侧卧姿势，注意被测量的肢体不能过度弯曲；好动的犬猫可用猫袋或器械保定，限制其行动再进行测量。

（3）选择袖带　测量宠物前肢桡部或后肢股部肢体周径，根据袖带宽度一般为肢体周径的 40%～60%，选出适当规格的袖带连接血压仪。

（4）缠绕袖带　将袖带缠绕于被测量肢体，调节好松紧度，并且使被测量肢体与心脏在同一水平。

（5）开始测量　按下测量按钮，连续测量 5 次，若 5 次 SAP、DAP、MAP 均较为接近，则其平均数值为血压值；每次测量间隔 30s，等末梢血液循环恢复后再测。

（6）记录血压　在病历或麻醉记录表上记录测量值，还应补充登记测量部位和袖带号码，以便于和以后的复查测量值进行对比。

（7）收拾设备　测量完毕后取下袖带，关闭血压计，将仪器放置于原位。

2. 注意要点

（1）SunTech Vet 20 电子血压计采用运动容差示波法，能一次测出收缩压、舒张压、平均动脉压和心率四个参数，一键获取多次测量结果的平均值，储存 50 组数据备查，并且其无声测量的特点对胆小的犬猫尤其适用，测量前不得使用任何镇静药物。

（2）测量期间要尽量减少环境对宠物的刺激。

（3）犬猫血压值

① 犬收缩压：90～140mmHg。

② 犬舒张压：50～75mmHg。

③ 犬平均动脉压：60～100mmHg。

④ 猫收缩压：90～150mmHg。

⑤ 猫舒张压：60～100mmHg。

⑥ 猫平均动脉压：60～100mmHg。

八、多普勒血压计用法

多普勒血压计法适用于体检、急症、围手术期的常规检查。

1. 操作流程

所需物品：多普勒血压仪、多规格袖带、耦合剂。

（1）检查设备　检查血压计和袖带是否正常、有无故障。

（2）动物保定　保持环境安静，使动物安静且呈趴卧或侧卧姿势，注意被测量的肢体不能过度弯曲；好动的犬猫可利用猫袋或器械保定，限制其行动再进行测量。

（3）选择袖带　测量动物前肢桡部或后肢股部肢体周径，袖带宽度应为肢体周径的40%（犬）或30%（猫）；当有两种袖带可选时，一般宜选择稍宽点的，将选好的袖带与血压计连接（图1-13）。

（4）缠绕袖带　将血压测量部位的被毛剃除干净，剃毛范围略大于探头大小；将袖带绑于被测量肢体，调节好松紧度；给连接主机的多普勒探头涂抹耦合剂，放置于袖带下方动脉处，保持被测量肢体与心脏为同一水平（无论动物侧卧、坐位或站位均应如此）。

（5）测量血压　打开扬声器开关，调节血流声恰当；接着关闭充气球阀门对袖带充气，直至听不见血流声为止；之后缓慢松开充气球阀门，观察压力表，记录第一声血流声出现时的数字。

袖带与血压表连接

袖带与血压表分离

图 1-13　袖带与血压压力表拆装

（6）**重复测量**　重复充气、放气步骤 5 次，每次测量之间偏差不应超过 10mmHg，若数值波动不大，去掉测量最高值和最低值，取连续 3 次测量结果的平均值；若数值波动大，待动物安静后重新测量。

（7）**记录血压**　在病历或麻醉记录表上记录测量值，还应补充记录测量部位、袖带号码，以方便同以后的复查测量值进行对比。

（8）**收拾设备**　测量完毕关闭扬声器，擦净血压探头及测量部位的耦合剂，将血压探头及其他配件收放在血压计盒子里。

2. **注意要点**

（1）测量原理是利用多普勒超声传感器（探头）在动脉脉搏

处采集到血流多普勒频移信号，主机对信号电压放大后直接输入扬声器转变为音频信号而获得多普勒音，将固定在传感器附近的压力袖带充气膨胀至脉搏音消失后，再缓慢放出袖带内气体至脉搏音被再次听到为止，此时压力计上显示的数值即为收缩压，且多普勒血压计只能测量出收缩压。

（2）多普勒测量适用于安静和温顺的动物，并且要在所有检查之前进行。要让宠物在主人陪伴下适应检查环境，否则测量准确性低。给猫测量血压时，最好把扬声器与耳机连接以消除扬声器声音。

（3）用多普勒血压计测量犬收缩压为 85～179mmHg，180～200mmHg 为临界值，＞200mmHg 为高血压，＜85mmHg 为低血压。

（4）用多普勒血压计测量猫收缩压为 100～175mmHg，175～185mmHg 为临界值，＞185mmHg 为高血压，＜100mmHg 为低血压。

（5）健康犬猫动脉压存在生理性波动，且有个体差异，所以犬猫正常值没有一个标准，相关报道中也不相同，以上血压值是不同测量值的综合，仅供临床参考。

第四节　眼科检查

一、荧光素染色

荧光素染色适用于各种角膜病的检查（视频 1-2）。

视频 1-2
荧光素钠检测
（扫码观看）

1. 操作流程

所需物品：注射器、荧光素试纸。

（1）制备荧光素染液　将荧光素试纸袋左右折弯，从开口处撕开一部分，用一次性注射器抽取 2mL 生理盐水滴入袋中；或取一个 5mL 注射器，将荧光素试纸置入其内，抽 3mL 生理盐水浸泡试纸。

（2）角膜染色　吸取已溶有荧光素的生理盐水，去掉针头，向被检眼结膜囊内滴加 2～3 滴荧光素染液。

（3）观察眼睛　用生理盐水清洗患眼，去除未结合的染液，在暗室内用钴蓝光（如伍德氏灯光）照射被检眼，角膜溃疡呈黄绿色荧光。

2. 注意要点

（1）利用荧光素钠水溶液能短暂地附着于角膜溃疡处的特点，将其滴在结膜囊后于暗室内用钴蓝光照射被检眼，正常角膜上皮不会被荧光素着色，而角膜溃疡处（亲水性基质层）会呈现亮黄绿色的荧光，有助于检查中发现角膜的微小溃疡灶。

（2）剩余染液放于冰箱保存备用，不宜超过 1 周。

二、泪液测试

泪液测试适用于角膜病等泪腺相关眼病的检查。

1. 操作流程

所需物品：泪液试纸。

（1）折叠试纸　不撕开包装袋，按照试纸条上的折线将纸前端折弯。

（2）放置结膜囊　分别取出试纸，按左右眼标识，将折弯部依次放入左右眼下眼睑中间稍偏外的结膜囊内，即置于下眼睑与角膜之间，另一端自然下垂。

（3）检测读数　闭合眼睑放置 1min 后，观察试纸被泪液浸湿的毫米数（图 1-14），然后移去试纸，用宠物专用洗眼液或眼睛护理洗眼液洗眼。

图 1-14　猫 Schirmer 泪液测试（STT）及数值判读

（图片源自仁山动物医疗）

（4）测试对侧　以同样方法测试另一侧眼睛，并进行数据比对。

2. 注意要点

（1）泪液试纸检查又称为 Schirmer 试验，是检查泪腺分泌功能的常用方法，通常 Schirmer 滤纸为无菌包装，每袋有 L（左眼）、R（右眼）各一条。

（2）正常犬测试数据参考值约为 15～25mm，正常犬参考值约为 12～25mm，如检查结果低于 10mm 就应怀疑或诊断为干眼症。

（3）手不可触碰到泪腺试纸前端。

（4）在光线暗的安静环境中测试。

三、眼压测量

1. 操作流程

所需物品：icare TonoYet 回弹式眼压计。

（1）准备仪器　将眼压计腕带套在操作者手腕处，防止眼压计突然坠落造成损坏。

（2）选择开机　按测量键使眼压计开机，显示屏上亮灯出现"LOAD"提示使用者测量前，将一次性检测探针安装至底座。

（3）装载探针　打开探针管盖，将探针安装入探针底座。注意放置探针时，不可把眼压计朝下放置，以防探针掉落。

（4）激活探针　本款按测量键一次，激活眼压计探针，显示屏会出现"00"，提示眼压计进入开始模式（图1-15）。此时探针激活后被磁化，不会掉落。

（5）测量眼压　按测量键六次，每次测量成功后，会出现短的"哔"提示音；成功测量六次后，会出现长的"哔哔"提示音，最终结果会出现在显示屏上。

图1-15　动物眼压计（icare TonoVet）（图片源自网络）

2. 注意要点

（1）该仪器是利用探针以一定速度撞击不同硬度物体表面后，回弹时探针反应不同的原理来测量眼内压。具有测量精度高、便携、无需麻醉、无交叉感染等优点。

（2）只有使用 icare FinlandOy 的探针时，才能保证测量精确。

（3）眼压计在测量期间应水平放置，探针至角膜的距离应该为 4～8mm，约为探针外圈的长度。

（4）测量时探针末端必须接触角膜中央，以获得真实值，但有各种角膜病变如水肿、炎症、溃疡或瘢痕等，即角膜增厚或不平时不能使用本仪器。

（5）需要进行六次单独测量，测量期间显示的测量值是前几次测量值的平均值，并非每次单独的测量值。

（6）如果眼压计出现两次"哔"提示音，出现错误代码，按测量键清除错误代码并继续进行剩余的测量；如果出现多次测量错误，参照错误代码部分进行调整。

第五节　检验检测

一、生物显微镜使用

生物显微镜适用于体液、渗出液或粪便等的镜检（视频1-3）。

1. 操作流程

所需物品：生物显微镜、显微镜油（香柏油）、二甲苯（或 95％酒精）、擦镜纸。

（1）打开电源　取下显微镜外罩，将低倍镜对准载物台通光孔，打开电源开关（光源开关），调整光源亮度。

视频 1-3
犬的粪便采样
（扫码观看）

（2）放置载玻片　将待检载玻片放在载物台上，用夹持器固定好，使待检区正对通光孔中心。

（3）观察视野　先选用 4 倍或 10 倍低倍物镜，通常用左手逆时针转动粗调焦旋钮使载物台上升至与物镜接近，然后在顺时针转动载物台缓慢下降时，双眼在目镜上观察镜内视野，至出现模糊影像后，右手转动细调焦旋钮至视野清晰，即可前后左右移动载物台，全面观察玻片上的样本，选定特殊的样本区。

（4）切换物镜　将感兴趣的样本区调至视野中央，转动镜头转换器切换至 40 倍物镜，此时需要调节光源亮度和光圈大小，并调节细调焦螺旋，使视野清晰且容易观察。

（5）使用油镜　如需进一步用油镜观察，将镜头转换器切换至油镜（40 倍）和最低倍镜（4 倍）之间，在玻片上滴加 2 滴显微镜油后，直接切换油镜使其浸于镜油中，接着将集光器上升到最高位置（100 倍刻度），将光圈开到最大，调节细调焦旋钮使图像清晰，开始观察。

（6）关闭电源　观察完毕，转动镜头转换器将油镜转离玻片，调节粗调焦旋钮降低载物台，缩小光圈，调低亮度，关闭电源。如果显微镜使用频率高，可一整天都不关闭电源，在不使用时段将光源亮度调至最低。

（7）清洁油镜　用擦镜纸蘸少许二甲苯（或 95％酒精）把油镜头上的镜油擦去，再用干擦镜纸擦干；然后把物镜转换器上未装物镜的孔或最低倍物镜转至载物台上方，套上镜罩。

2. 注意要点

（1）放置待检载玻片至载物台时，务必确保玻片上样本侧在上面。

（2）转动镜头转换器切换物镜时，避免手指触摸上镜头。

（3）切换高倍镜时，转动速度要慢，应从侧面观察防止高倍镜头碰撞玻片。

（4）若高倍镜头碰触玻片，说明低倍镜焦距没有调好，应重新操作。

（5）转换高倍镜后，观察视野一般不太清晰，将细调旋钮逆时针转动 0.5～1 圈即可。

（6）使用油镜后，禁止再切换至 40 倍镜，应在低倍镜与油镜之间切换，以免镜油沾污 40 倍高倍镜头。

（7）如果观察目标不理想，需重找，注意若在加油区外重找目标，应按低倍→高倍→油镜程序；若在加油区内重找目标，应按低倍→油镜程序，不得经过高倍镜。

（8）一般物镜是按由低至高的顺序安装的，所以旋转物镜时要按同方向旋转（由高往低倍镜方向旋转），目的是防止用完油镜后，错误旋转导致高倍镜沾上显微镜油而损坏高倍镜。

二、瑞氏染色法

瑞氏染色法适用于体液、渗出液的细胞学检查。

1. 操作流程

所需物品：载玻片、瑞氏染液的 A 液和 B 液等。

（1）样本固定　将带有样本的载玻片用酒精灯烘干。

（2）滴加染色液　用铅笔划线并作标记，将玻片平放在染色架上，滴瑞氏染液（A 液）数滴覆盖样本，染约 1min。

（3）滴加缓冲液　在玻片上滴加与染液相当量的缓冲液（B 液），用吸耳球将其与染液吹匀，停留约 5min。

（4）冲去染液　慢慢晃动玻片，用细自来水流从玻片一侧冲去染液，待玻片自然干燥或用滤纸吸干。

（5）清洗及镜检　轻轻用流水冲洗玻片，干燥后镜检。

2. 注意要点

（1）瑞氏染料由碱性染料美蓝（Methvlem blue）和酸性染料伊红（Eostm Y）组成，合称美蓝-伊红染料，即瑞氏染料。伊红钠盐的有色部分为阴离子，无色部分为阳离子，其有色部分为酸性，故称伊红为酸性染料。美蓝通常是氯盐，为碱性，美蓝的中间产物结晶为三氯化镁复盐，与伊红钠盐相反，其有色部分为阳离子，无色部分为阴离子。用甲醇作瑞氏染料溶剂，即成瑞氏染液。甲醇是瑞氏染料的良好溶剂，有两种作用：使瑞氏染料中的美蓝（M）与伊红（E）在溶液中离解，可使细胞成分选择性吸附其中的有色物质而着色。

（2）冲去染液时，不要先倾去染液再冲水，一定是用细自来水流从玻片侧将染液冲去，防止染液残留在玻片上。

三、革兰氏染色法

革兰氏染色法适用于体液或分泌物的细菌检查。

1. 操作流程

所需物品：载玻片、革兰氏快速细胞染色液等。

（1）固定　将带样本的载玻片用酒精灯烘干。

（2）龙胆紫液染色　加龙胆紫（或结晶紫）液染色 10s，之后水洗，甩干。

（3）碘液染色　加碘溶液染色 10s，之后水洗，甩干。

（4）脱色　加脱色液脱色 10～20s，之后水洗，甩干。

（5）沙黄液染色　最后加沙黄溶液复染 10s，之后水洗。

（6）镜检　待玻片干燥后进行镜检。

2. 注意要点

（1）酒精灯烘干玻片以玻片温度不烫手背为准。

（2）根据气温调整染色时间，气温越低，染色时间越长。

（3）冲洗用流水一般使用自来水。

四、瑞氏-姬姆萨染色法

瑞氏-姬姆萨染色法适用于体液、渗出液的细胞学检查。

1. 操作流程

所需物品：载玻片、瑞氏-姬姆萨 A 液和 B 液（图 1-16）、洗耳球、洗瓶、记号笔、电吹风等。

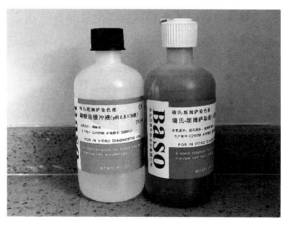

图 1-16　市售常见的瑞氏-姬姆萨染色液

（1）固定　将带有样本的载玻片用酒精灯烘干，或用电吹风快速吹干。

（2）瑞氏-姬姆萨 A 液染色　用记号笔在玻片上标记染色区，滴加瑞氏-姬姆萨 A 液，让染液覆盖整个染色区，染色 1min。

（3）瑞氏-姬姆萨 B 液染色　在瑞氏-姬姆萨 A 液的基础上，滴加等量的瑞氏-姬姆萨 B 液，并用洗耳球轻轻吹打，使之充分混合，染色 3～5min。

（4）冲洗　用洗瓶（含清水）从水平放置的玻片一端向另一端温和地冲洗，使清水将染液均匀冲掉。

（5）干燥镜检　玻片自然晾干或用电吹风快速吹干，然后镜检。

2. 注意要点

（1）酒精灯烘干玻片以玻片温度不烫手背为准。

（2）根据气温调整染色时间，气温越低，染色时间越长。

（3）冲洗用流水，一般使用自来水。

五、Diff Quick 染色法

Diff Quick 染色法适用于分泌物与血液细胞学检查。

1. 操作流程

所需物品：载玻片，Diff Quick A 液、B 液和 C 液等。

（1）固定样本　将有样本的载玻片用酒精灯烘干。

（2）A 液固定　将玻片浸入 A 液固定 10～20s，然后将玻片取出竖立在滤纸上吸去多余的水。

（3）B 液染色　用 B 液覆盖玻片或将玻片浸入 B 液内染色 5～10s，其间上下提动数次，使样本充分着染，然后取出玻片竖立在滤纸上吸去多余的水（染色过程中可根据着色情况调整染色时间）。

（4）C 液染色　用 C 液覆盖整个玻片或将玻片浸入 C 液内染色 5～10s，其间上下提动使样本充分着染，然后取出玻片在清水中洗去残留的 C 液，自然晾干（染色过程中可根据着色情况调整染色时间)。

(5) 开始镜检　待玻片晾干后，即可置于显微镜下开始镜检。

2. 注意要点

(1) 酒精灯烘干玻片以玻片温度不烫手背为准。

(2) 玻片在染液中上下提动很有必要，有利于样本均匀着染。

(3) 在不同染液切换，无需用清水清洗，但为延长染液使用时间，应尽量用滤纸吸去多余染液。

(4) 染液使用时间长，气温低，则染色时间需要延长；如样本染色不足，可复染。

(5) 冲洗用流水一般使用自来水，用纸巾代替滤纸也可。

(6) 染色结束后，要拧紧染液容器盖，防止水分挥发，尤其A液容易挥发。

六、耳缘采血

耳缘采血适用于犬猫血常规检查、血糖或配血等血样采集。

1. 操作流程

所需物品：酒精棉球、干棉球、采血针、凡士林、吸管、抗凝管。

(1) 保定　根据动物体型选择恰当的保定方法。

(2) 消毒　用酒精棉球擦拭耳缘，等待 1min 待酒精完全挥发，然后涂抹薄薄一层凡士林，如此可使采出的血液呈滴状。

(3) 采血　找到耳缘处静脉血管，用手托起耳郭固定好，用采血针刺破血管，待血液流出后，立即用吸管采集血液，然后转移到抗凝管中。若出血量少，挤压针眼周围皮肤使血液流出。

（4）止血　采血完毕，立即用干棉球轻压止血，切勿揉搓。

2. 注意要点

采血后要立即用干棉球轻压止血，切勿揉搓。

七、头静脉采血

头静脉采血适用于对犬猫进行血液检验时血样采集（视频1-4）。

视频1-4
猫前臂皮下
静脉采血
（扫码观看）

1. 操作流程

所需物品：2mL 注射器（可根据采血量选择合适的注射器规格）、22～20G 头皮针、75％酒精、干棉球、肝素钠（或 EDTA）、抗凝管（或空白管）。

（1）保定　对动物进行保定，使静脉充血扩张，如果血管充盈不明显，动物可剃毛后再行消毒、穿刺。

（2）消毒　用酒精棉球对穿刺部位进行消毒、分毛。

（3）采血　操作者手固定动物前肢，另一手持已连接注射器的静脉输液针，针头斜面朝上，使针头与静脉形成20°～30°，刺入见回血后，水平进针2～3mm，抽取静脉血样，然后把血液转移到抗凝管或空白管中备用。

（4）按压　采样完毕后，保定者用干棉球按压采血部位较长时间，确保止血可靠。

2. 注意要点

（1）采血者将拇指沿着静脉恰当用力，如用力太大会使血管塌陷，用力太小则血管游离性强。

（2）注意让针头斜面与注射器刻度在一条水平线上。

（3）头静脉、隐静脉、颈静脉采血，以使用注射器直接采血为主，用头皮针会增加血液凝固或溶血现象。

（4）抽血后尽快加入抗凝管以减少血栓形成，轻轻摇匀，避免溶血。

（5）无需抗凝的血样，要保持采血管直立放置（防止血细胞黏附在橡胶塞上和溶血）；并且最好在 30～45min 内离心出血清，以获得可靠的检验结果。

（6）如果样品不能在 4～6h 内进行检测，则需将血浆或血清样品冷冻储存或废弃。

（7）全血不可冷冻，因为会导致溶血。

八、颈静脉采血

适用于犬猫血液检验时在其他血管不能采出血液，也适用于输血时需要采集较多量供血动物血液（视频 1-5）。

视频 1-5
犬颈静脉采血
（扫码观看）

1. 操作流程

所需物品：2mL 注射器、22～20G 静脉输液针（如输血则连接血袋）、75％酒精棉球、干棉球、抗凝管（或空白管）。

（1）保定　按照颈静脉采血保定法对动物进行保定。

（2）消毒　用 75％酒精棉球对穿刺部位进行消毒、分毛。

（3）采血　穿刺者一手按压胸腔入口处气管外侧的颈静脉沟，使静脉充血扩张；另一手持静脉输液针，针口朝上，使针头与静脉呈 20°～30°，刺入见回血后，水平进针 3～5mm，按照需要量抽取静脉血，用于检验时转移至抗凝管（或空白管）备用。

（4）按压 采血完毕后，保定者用干棉球按压采血部位较长时间，确保止血可靠。

2. 注意要点

（1）提前将注射器与静脉输液针组装好。

（2）血管不充盈的动物应该剃毛后进行消毒。

（3）输血时的采血应当使用含有血细胞营养液的血袋。

九、外侧隐静脉采血

外侧隐静脉采血适用于犬血液检验时血样采集（图1-17）。

图1-17　犬外侧隐静脉采血

1. 操作流程

所需物品：2mL注射器、22～20G静脉输液针、75％酒精棉球、干棉球、抗凝管（或空白管）。

（1）保定 保定人员对犬进行保定，使静脉充血扩张。

（2）消毒 对采血部位用酒精棉球进行消毒。

（3）采血 操作者用酒精棉球消毒，适当分开毛发，使静脉清晰可见；一手拇指固定静脉，针口朝上，将针头以 20°～30°刺入静脉，轻轻抽吸采集血液样本，然后把血液转移到抗凝管或空白管中备用。

（4）按压　采血完毕后，保定者用干棉球按压采血部位以达到止血效果。

2. 注意要点

（1）提前将注射器与静脉输液针组装好。

（2）穿刺者将拇指沿着静脉的位置放置，用力太大血管塌陷，用力太小血管游离性强。

十、猫内侧隐静脉采血

猫内侧隐静脉采血适用于猫血液检验时血样采集。

1. 操作流程

所需物品：2mL 注射器、22～20G 静脉输液针、75％酒精棉球、干棉球、抗凝管（或空白管）。

（1）保定　保定人员对猫进行保定，使静脉充血扩张。

（2）消毒　对采血部位用酒精棉球进行消毒。

（3）采血　操作者用酒精棉球消毒，适当分开毛发，使静脉清晰可见（图 1-18）；一手拇指固定静脉，针口朝上，将针头以 20°～30°刺入静脉，轻轻抽吸采集血液样本，然后把血液转移到抗凝管或空白管中备用。

（4）按压　采血完毕后，保定者用干棉球按压采血部位以达到止血效果。

2. 注意要点

（1）提前将注射器与静脉输液针组装好。

（2）穿刺者将拇指沿着静脉的位置放置，用力太大血管塌

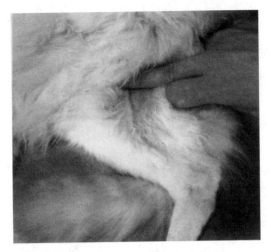

图 1-18 猫内侧隐静脉采血

陷，用力太小血管游离性强。

（3）穿刺时保持针口朝上。

十一、交叉配血

交叉配血适用于犬只输血前的凝集或溶血试验操作。

1. 操作流程

物品准备：EDTA 抗凝 EP 管、一次性试管、生理盐水、一次性吸管、载玻片、记号笔、干棉球、75％酒精棉球、注射器（2mL 和 5mL）、离心机、显微镜等。

（1）配血前准备 向 2 支一次性试管各加入生理盐水 4mL，对供血犬和受血犬各采血 1～2mL（至少 0.5mL），加入 EDTA 抗凝 EP 管内，盖盖后轻轻颠倒，混匀。

（2）洗涤红细胞 取 8～10 滴抗凝血加入生理盐水试管中，轻弹试管底部混匀，1500～1800r/min 离心 5min，除去上清液；再加生理盐水 4mL，混匀，离心，除去上清液；重复清洗3 次。

（3）红细胞混悬液的制备　清洗 3 次结束后，弃去上清，取 1 滴红细胞泥加入 1mL 生理盐水，混匀制成 35％的红细胞悬液。

（4）制备血浆　将余下的 EDTA 抗凝血 3500r/min 离心 3min，分离出血浆备用。

（5）交叉试验

① 主侧：受血犬血清或血浆 2 滴＋供血犬 RBC 悬液 2 滴。

② 次侧：供血犬血清或血浆 2 滴＋受血犬 RBC 悬液 2 滴。

③ 对照：受血犬血清或血浆 2 滴＋受血犬 RBC 悬液 2 滴。

以上均可滴于试管内，1000r/min 离心 1min，立即观察有无凝集、溶血；或直接滴于玻片上混匀，置于显微镜下观察结果。

（6）结果判定　凝集或溶血均为阳性反应。

（7）清洗物品　判断试验结果后，按要求作好记录，彻底清洗物品。

2. 注意要点

（1）只要对照组出现溶血或凝集，说明试验无效，无法提供准确判断。只有在对照组成立（呈阴性）情况下，主侧与次侧的配血试验结果才有意义。

（2）当对照组成立，主侧发生阳性反应，则不能输血。

（3）当对照组成立，主侧不凝集，次侧发生阳性反应时，原则上不能进行输血，除非分离血清后只输红细胞，阳性反应强烈时还需考虑清洗红细胞后再输入。

（4）即使主侧与次侧均表现为阴性反应，在输血过程中仍可能出现输血反应。因此应在输血时和输血后密切监护受血动物。

十二、三滴法配血

三滴法配血适用于临床需要快速输血的紧急情况。

1. 操作流程

所需物品：注射器、静脉输液针、75%酒精棉球、一次性吸管、载玻片、3.8%枸橼酸钠抗凝剂。

（1）采血　对供血犬和受血犬分别各采血 0.5mL。

（2）配血　先向载玻片上滴加 1 滴抗凝剂，采血完成后立即将供血犬和受血犬的新鲜全血各 1 滴滴到载玻片上，轻轻晃动玻片使样本混匀，静置 1～5min 后观察有无凝集或溶血。

（3）结果判定　如果发生凝集或溶血则为阳性反应，如果未发生凝集或溶血，可以考虑输血。

2. 注意要点

（1）"三滴法"配血较交叉配血操作更为简单、快速，但其准确性略差，通常不建议使用该方法。

（2）犬第一次输血超敏反应不大，但需要了解动物既往病史。

十三、血涂片制作

血涂片制作适用于动物血细胞形态和血液疾病等检验。

1. 操作流程

所需物品：毛细吸管（或针筒）、盖玻片、载玻片、Diff Quick 染色液 1 套等。

（1）采集血样　参照静脉采血操作，约需 30μL 的血液。

（2）准备载玻片　准备 2 片干净的载玻片，以磨砂边载玻片较好，要求玻片上无指纹、油脂、灰尘、洗涤剂和组织碎屑等，在载玻片一端标记病历号和动物名。

（3）滴加血样　若用抗凝血样，用前须充分混匀，用毛细吸管吸取一小滴（直径 2～3mm），滴在距离标记处 3～5mm 的载玻片上。

（4）制作血涂片　左手以拇指和食指持载玻片，右手取另一玻片以约 30°夹角从血滴前方后移接触血滴，待血滴沿两玻片接触处扩散成线后，右手将所持玻片沿载玻片快速向前推开，形成一层薄且均匀的血膜（视频 1-6），然后让血涂片风干或置于温水浴锅上晾干。忌用酒精灯烘烤或用电热风吹干。

视频 1-6
血涂片制作
（扫码观看）

（5）染色镜检　用 Diff Quick 染液染色，镜检中的紫色区域为观片区。

（6）镜检完毕后记录结果，清理相关仪器和用品。

① 棘形红细胞：红细胞表面有 2～10 个尖锐或钝圆的指状突起（图 1-19）。

② 球形红细胞：小而圆的红细胞，深染，没有中央灰白区（图 1-19）。

③ 海恩茨小体：是红细胞内变性珠蛋白的包涵体，光镜下可见红细胞内 1～2μm 大小颗粒状折光小体，分布于胞膜上。新亚甲基蓝染色较姬姆萨染色更为清晰，呈鼻状突起（图 1-19）。

④ 偏心红细胞：血红蛋白移到一侧一层薄膜包被的新月形空白区，没有中央淡染区（图 1-19）。

⑤ 口形红细胞：呈杯形，红细胞中央有裂缝。

⑥ 薄红细胞：出现皱褶或状似靶标。

⑦ 裂红细胞：呈形状不规则的碎片和尖状凸起（图 1-19）。

⑧ 犬巴贝斯虫：虫体大，在红细胞内呈泪珠状或环形结构，

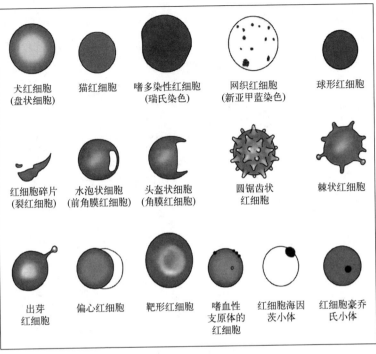

犬红细胞
(盘状细胞)

猫红细胞

嗜多染性红细胞
(瑞氏染色)

网织红细胞
(新亚甲蓝染色)

球形红细胞

红细胞碎片
(裂红细胞)

水泡状细胞
(前角膜红细胞)

头盔状细胞
(角膜红细胞)

圆锯齿状
红细胞

棘状红细胞

出芽
红细胞

偏心红细胞

靶形红细胞

嗜血性
支原体的
红细胞

红细胞海因
茨小体

红细胞豪乔
氏小体

图 1-19　正常红细胞和常见病原形态

常成对出现。

⑨ 猫巴贝斯虫：虫体小，在红细胞、淋巴细胞或巨噬细胞内呈小的、不规则的环形。我国暂未有感染报道。

⑩ 猫嗜血性支原体：其使红细胞膜外呈非折射的球状、杆状或环状结构，染色呈暗紫色（图 1-19）。

2. 注意要点

（1）推片角度越小，血涂片越薄，适合浓稠血液。反之，推片角度越大，血涂片越厚，适合较稀血液。

（2）用低倍镜看细胞数量，用高倍镜看细胞形态。

（3）白细胞计数：先估计总白细胞数，如果用 10 倍目镜和 10 倍物镜，血液中总白细胞数（个/μL）由每个视野平均白细胞数乘以 100～150。然后再用 40 倍或 50 倍物镜识别出 100 个连续白细胞进行白细胞分类计数。如：

45 中性粒细胞 $= 45\%$ 个/μL，即血液中中性粒细胞数 0.45 （个/μL）；

45 淋巴细胞 $= 45\%$ 个/μL，即血液中淋巴细胞数 0.45 （个/μL）；

7 单核细胞 $= 7\%$ 个/μL，即血液中单核细胞数 0.07 （个/μL）；

3 嗜酸性粒细胞 $= 3\%$ 个/μL，即血液中嗜酸性粒细胞数 0.03 （个/μL）。

十四、网织红细胞染色

网织红细胞染色（视频 1-7）适用于对犬猫血液网织红细胞的观察。

1. 操作流程

所需物品：EDTA 抗凝血、载玻片、盖玻片、空白管、一次性吸管、网织红细胞染液（甲基蓝染液）等。

视频 1-7
网织红细胞染色
（扫码观看）

（1）采血　采集新鲜血液，置入 EDTA 抗凝管中，轻轻晃动。

（2）染色　取 1 个空白管，滴加 1 滴抗凝血、1 滴甲基蓝染液，混匀，静置 15min。

（3）制片　取 1 个清洁的载玻片，滴加 1 滴混合液，用载玻片或盖玻片进行涂片。

（4）观察　在显微镜下观察网织红细胞数量及其形态（图 1-20），或油镜下计数至少 1000 个红细胞中的网织红细胞数。

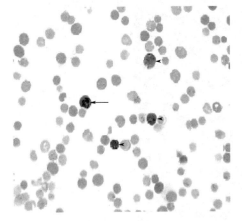

图 1-20　猫网织细胞染色（100 倍物镜）（彩图见封三）

[染成蓝色，包括带有蓝色细小内含物的点状网织红细胞（短箭头）

和带有粗糙的聚集网状蛋白的凝集网织红细胞（长箭头）]

2. 注意要点

（1）该染色法仅限于试管法操作。

（2）染色时间要充足，混合后不宜立即涂片，当室温较低时，染色时间应相应延长。

（3）血涂片厚薄均匀，不使红细胞重叠，以免影响染色效果。

十五、血糖检测

血糖检测适用于对糖尿病病例血糖浓度进行频繁检测。

1. 操作流程

所需物品：鱼跃血糖仪、血糖测试卡、一次性末梢采血针、红霉素软膏、酒精棉、干棉球。

（1）安装　按照产品说明书，把血糖测试卡安装在血糖仪上

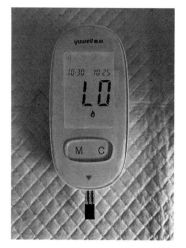

图 1-21　鱼跃血糖仪

（图 1-21）。

（2）消毒　选定取血部位，涂抹红霉素软膏。

（3）采血　挤压采血部位，用一次性末梢采血针刺破采血部位，挤压直到血珠形成米粒大小。

（4）采样　把血糖测试卡采样口对准血珠，采集足量的样本。

（5）记录　记录数据并按需要变换单位。

2. 注意要点

若选取耳缘采血，可用纸胶布卷垫于耳朵下方，以便更好地穿刺采血。

十六、尿液试纸法检测

尿液试纸法适用于尿液主要理化指标的检测。

1. 操作流程

所需物品：尿检试纸、尿液分析仪等。

（1）采样　导尿、膀胱挤尿或穿刺采集的新鲜尿液，注入洁净试管或纸杯中。

（2）加样　从试纸条盒子里取出尿检试纸条，将其置于新鲜尿液中完全浸湿，然后取出侧立在吸水纸上，待多余尿液被吸水纸吸干、不滴尿液为好。

（3）读数　将试纸条放入尿液分析仪检测，或与包装盒上的比色卡进行比对，记录数据。

2. 注意要点

（1）尿液试纸法又称为干化学法，检验原理是配套的试剂带（试纸条）上有数个试剂垫，将其接触尿液后，各自与尿中相应成分进行独立反应而发生颜色变化，颜色的深浅与尿液中某种成分成比例关系。

（2）吸附尿液的试剂带放入专用尿液分析仪的比色槽内，经一定波长的光源照射后，光信号被转变为电信号，然后转化为对应的数值。

（3）干式尿液分析仪即干化学尿液分析仪，自动判断和评估吸附尿液的试纸条的检验结果，具有快速准确和操作简便的突出优点。

（4）建议采用膀胱穿刺的方式采集尿液样本。

（5）采用肉眼比对色卡进行判断，有一定差异。

十七、尿比重检测

尿比重检测适用于宠物尿液比重（相对密度）测量。

1. 操作流程

所需物品：新鲜尿液、折射仪、离心机等。

（1）采样 导尿、膀胱挤尿或穿刺膀胱采集宠物新鲜尿液。

（2）调零 在尿折射仪上滴加2～3滴无菌蒸馏水，盖上盖子，调零。

（3）加样 用擦镜纸擦干折射仪上的液体，滴加2～3滴离心尿上清液，盖上盖子。

（4）读数 按照规则读取数据。

（5）清洁 读数后用擦镜布或擦镜纸擦拭干净镜面，以免损坏镜面。

2. 注意要点

（1）建议穿刺膀胱采集尿液，可减少细菌污染。

（2）滴加样品后，将尿折射仪朝向光源，观察读数。

（3）猫尿液相对密度数值校正：（0.846×人用尿折射仪测量值）+0.154。

（4）不同的操作人员读数有一定的差异，但相差不大。

（5）用尿液检查试纸条检测尿比重，一般不够准确。

十八、尿沉渣镜检

尿沉渣镜检适用于尿液沉渣的涂片观察。

1. 操作流程

所需物品：载玻片、试管、一次性吸管、酒精灯、Diff Quick 染液、革兰氏染液等。

（1）采样　取 3mL 新鲜尿液，加入洁净试管中，另备 1 个装有 3mL 自来水的空白管。

（2）离心　将两个试管相对放入低速离心机里，以 1500r/min 离心 5min。

（3）制片　弃掉上清液，轻轻把底层的浑浊液吹打均匀；取 2 个洁净的玻片，用一次性吸管各滴 1 滴底层浑浊液于载玻片上，其中 1 个载玻片盖上盖玻片，置于显微镜下观察，另 1 个玻片用酒精灯快速烘干并染色。

（4）染色观察　根据尿检需要，对玻片进行染色，染色后置于显微镜下观察。

2. 注意要点

（1）酒精灯烘干玻片时的温度不能过高，以手背感觉玻片不烫为准。

（2）观察细胞形态用 Diff Quick 染液染色，观察细菌时用革兰氏染液染色。

（3）尽可能采集给药前的尿液样木，早上空腹采集的尿液密度、pH、细胞组分测量值最准确可靠，但要考虑膀胱内尿液管型过夜后的变性。

十九、蛋白含量检测

适用于尿液、血浆、腹水、胸腔积液等体液蛋白含量检测。

1. 操作流程

所需物品：尿液、血浆、腹水、胸腔积液等体液样本和折射仪、离心机等。

（1）使用折射仪检测体液的蛋白含量

① 采样。根据临床诊断需要，采集相应的体液进行离心，采上清液，为样本。

② 调零。在折射仪上滴加 2～3 滴纯净水或蒸馏水，盖上盖子，水平对光调零。

③ 加样。用擦镜纸擦干折射仪上的液体，滴加 2～3 滴样本，盖上盖子（不能有空气泡）。

④ 读数。按照规则读取数据。

⑤ 清洁。读数后用擦镜布或擦镜纸擦拭干净镜面，以免损坏镜面。

（2）使用生化仪检测体液的蛋白含量　按照生化仪操作要求和样本要求进行操作。

2. 注意要点

（1）尿液样本采集后，应尽快在 60min 内完成检测，否则须立刻封闭并置于4℃冷藏保存，避免pH和尿液成分发生变化或尿液被污染。

（2）尿液样本检测延迟，可能会导致检测结果不够准确，在4℃冷藏保存条件下，最好不要超过12h。冷藏的尿样有形成结晶的倾向。

（3）冷藏保存的样本检测前，需回至室温后再行检测；新鲜尿液采集后，也应待温度降至室温再行检测。

（4）尿液样本离心条件一般为500～3000r/min，离心3～5min。

二十、粪便采样镜检

适用于宠物粪便寄生虫卵采样和镜检。

1. 操作流程

所需物品：牙签、棉棒、生理盐水、饱和盐水、注射器、载玻片、盖玻片、5mL离心管、离心机、Diff Quick染液等。

（1）**样本采集**　用牙签挑取动物新排出粪便如针尖大小，或取棉棒用生理盐水浸湿，轻轻旋入动物肛门并向四周移动，轻轻取出。

（2）**肉眼观察**　观察粪便的颜色，粗略检查是否带血、黏液、完整虫体或绦虫节片等。粪便性状可分为正常、干硬、软条、糊状、水状。粪便颜色为黑褐色提示消化道上段出血；粪便有明显血液，提示消化道下段出血。粪便气味可分为：酸臭味，提示消化不良或细菌感染；血腥味，提示消化道出血，如细小病毒感染。

（3）**显微镜观察**

① 直接涂片法

A. 湿法制片：a. 用注射器抽取1～2滴生理盐水滴于载玻

片上；b. 将牙签或棉棒采集的粪便与玻片上的生理盐水混匀涂平；c. 除去玻片上的粗大颗粒，盖上盖玻片后进行镜检；d. 如果粪便量少，可用棉签在载玻片上滚动数次，形成近似盖玻片的方形，并在其上滴 1～2 滴生理盐水，盖上盖玻片，进行镜检。

B. 干法制片：a. 将棉棒采集的粪便轻轻抹在载玻片上，薄薄一层即可；b. 加热固定，用 Diff Quick 染色，镜检。

② 饱和盐水漂浮法

A. 用 5mL 离心管称取约 1g 粪便，压碎。

B. 用注射器加入 4mL 饱和盐水搅匀，注意液面到管口的距离应小于针头或移液滴管的长度，以 2000r/min 离心 5～10min。

C. 将离心管取出，垂直放在试管架上，另加饱和盐水（用注射器或滴管吸取饱和盐水后插入液面下加入），加至略高出管口而不溢出为止。

D. 一手持洁净的载玻片，另一手取一张洁净的盖玻片盖在离心管口，快速垂直向上提起盖玻片放到载玻片上，即可进行镜检。

2. 注意要点

（1）为较好地观察蠕虫卵或球虫卵囊等，可滴加 2% 碘液，即先取 1～2 滴碘液滴于载玻片上，再将粪便样本与其混匀，盖上盖玻片后镜检。

（2）2% 碘液配制方法：碘化钾 4g 溶于 100mL 蒸馏水中，再加入碘 2g，溶解后贮于棕色瓶中备用。

（3）镜检应遵循"低倍找视野，高倍找物象"的原则。

（4）直接涂片法所需样本量少，检测结果不够准确，并且因样本中含有大量杂质，对粪便检测结果有所干扰。

（5）饱和盐水漂浮法利用漂浮液和寄生虫之间的比重差异，

通过漂浮液，让比重小于漂浮液的虫卵漂浮于液体表面，从而达到浓缩寄生虫的效果，提高消化道寄生虫的检出率。

（6）丹麦古氏虫卵检测瓶和漂浮液是一种商品化粪便虫卵检测套装，方法是取出透明检测瓶中的蓝色插头，将环形插头尖部插入粪便即可采到少许粪便，然后连同插头和粪便一起放入透明瓶内，接着倒入漂浮液至透明瓶的刻度处（约为瓶 2/3 高度）；之后反复顺时针和逆时针旋转蓝色插头使粪便分散到漂浮液中，然后继续加入漂浮液至透明瓶口出现微凸液面；之后取清洁盖玻片置于液面放置 15～20min 收集漂浮上来的虫卵，再将盖玻片转移到清洁载玻片上，把载玻片放置于显微镜下观察。

（7）新鲜样本如 2h 内不检查，应置于 4℃ 冰箱冷藏保存，且不能超过 24h。

二十一、梳毛采样

适用于虱子、跳蚤及其卵或粪便的采样镜检。

1. 操作流程

所需物品：密齿梳、白纸、载玻片、盖玻片、矿物油、水、显微镜。

（1）保定　让患病宠物站在光滑的桌子上或大块纸上。

（2）采样　用密齿梳梳毛，收集掉落的碎屑和被毛。

（3）判断

① 湿纸检查看跳蚤：把梳下的碎屑和被毛放在纸上，用水沾湿，将碎屑压碎观察，跳蚤粪便使湿纸变成红褐色。

② 显微镜看虫卵：取一洁净载玻片，放上样本，滴上矿物油，盖上盖玻片，低倍镜下看是否有虫卵或外寄生虫。

2. 注意要点

（1）确诊跳蚤感染需要见到跳蚤成虫或其粪便。跳蚤成虫排出的粪便带有大量半消化的血液，因此跳蚤粪便呈黑红色，外观为细小的煤渣样颗粒，能溶于水。

（2）犬体表上的跳蚤数量通常很少，感染量极低，可以将梳下的被毛与皮屑放置在载玻片上，滴石蜡油并盖上盖玻片，用显微镜低倍镜（10×）寻找跳蚤粪便。

仔细检查患病宠物的被毛，容易发现虱子和相伴的卵。厚毛宠物感染虱子时容易漏诊，用放大镜检查或采取刮毛、密齿梳梳被毛、透明胶带粘取等方法，均可获得宿主的被毛和皮屑，然后镜检可发现被毛上粘连的虱子和虫卵。

二十二、拔毛采样

适用于皮肤螨虫或真菌感染样本的采集。

1. 操作流程

所需物品：乳胶手套、止血钳、石蜡油、载玻片、显微镜。

（1）将少量矿物油放在载玻片上。

（2）用止血钳从病变区或从病变区与健康皮肤交界处拔取少量被毛，顺着毛根将被毛标本直接放入石蜡油内。

（3）用10×物镜观察玻片上的被毛，包括毛根、毛球有无蠕形螨，毛干中毛髓是否完整、有无真菌孢子。一般需要调低聚光器增加反差。

2. 注意要点

（1）蠕形螨的发病部位多表现在头面部和四爪，因此采样部位应在此处病灶位点。

（2）疥螨采样部位以耳郭边缘和肘部为主，但拔毛发现疥螨的概率很低，常用的采样方法是大面积浅刮。

（3）若多个病灶仅发现散在的1～2条蠕形螨，不能诊断为蠕形螨性皮炎，必须要有大量的蠕形螨繁殖才能作为诊断依据。

二十三、刮屑采样

适用于皮肤细菌、真菌或螨虫感染样本的采集。

1. 操作流程

所需物品：乳胶手套、石蜡油、手术刀片、载玻片、盖玻片、显微镜。

（1）滴加矿物油　在拟采样的皮肤病灶或载玻片上各滴加1滴石蜡油。

（2）刮取样本　先将病灶及其周围的被毛剪除，左手固定病灶区皮肤，右手用手术刀片前端在病灶区单向（顺毛）刮擦皮肤，至刀片上出现适量皮屑，将其涂布在载玻片上，另加盖玻片观察。如为检查蠕形螨，需用拇指和食指挤压皮肤病灶，再用手术刀刮擦，但不应使局部出血，如果出血则用干棉球快速吸去血液，然后用载玻片轻触病灶获取样本。

（3）镜下观察　将刮取到的样本涂至载玻片上，盖上盖玻片，用低倍镜观察，一般需调低聚光器增加反差，便于观察（图1-22）。

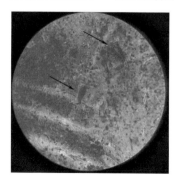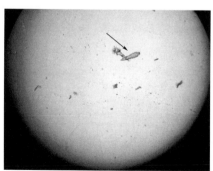

图1-22　真菌经革兰氏染色（10×10）（左）；

蠕形螨（10×10）混合感染病例（右）

2. 注意要点

（1）刮片采样分浅刮和深刮两种，浅刮主要是刮取皮肤表面的痂皮、皮屑，用于检查细菌、真菌；深刮主要是刮取毛囊内的分泌物或渗出液，用于检查蠕形螨。

（2）取样完毕后用碘伏棉球消毒刮擦部位。

二十四、压片采样

压片采样适用于脓皮病及皮肤感染灶的细胞学检查。

1. 操作流程

所需物品：载玻片、灭菌纱布、灭菌棉棒。

（1）采样 寻找患病宠物身上湿润但不含大量渗出液的病变位置，使用载玻片轻触压，如果病变渗出严重，使用灭菌纱布吸干渗出液，再使用玻片触压。也可以用小棉棒蘸少量样本，在载玻片上涂片。

（2）染色 样本玻片自然风干后，进行 Diff-Quick 染色。

（3）镜检 先用高倍镜观察细胞和细菌，然后转到油镜下细致观察，以分析判断感染程度和病灶特点。

2. 注意要点

（1）直接按压涂片适用于皮肤表面较湿润的病变或皮肤脓疱的采样，对于后者，一般先刮去表面痂皮和被毛，用无菌注射器针头挑开脓疱，再用载玻片按压病灶采样；也可选择细针抽吸脓疱内容物，再行涂片、染色镜检。

（2）脓皮病的确诊标志是在炎性细胞内发现细菌，而在退变的炎性细胞或染色质间发现细菌是脓皮病的间接证明。出现在脓皮病病灶或脓性肉芽肿的炎性细胞通常有中性粒细胞、退变的中性粒细胞（细胞膜和细胞质缺失，只剩有细胞核）、巨噬细胞、嗜酸性粒细胞和淋巴细胞等。

（3）退变的中性粒细胞，也称为脓细胞，大量出现（＞90％）提示急性化脓性反应，而巨噬细胞增加（＞15％）提示慢性或深层感染。

（4）涂片中经常能够发现粉色纤维状物质，可以称为染色质或 DNA，是制片时人为操作导致中性粒细胞破裂而成。

二十五、胶带采样

适用于皮肤细菌、真菌感染病灶样本采集。

1. 操作流程

所清物品：乳胶手套、透明胶带、载玻片。

（1）剪毛　修剪病灶区的被毛，有利于胶带粘取病灶区皮屑。

（2）粘取　剪下一段长约 5～6cm 的透明胶带，粘取皮肤碎屑。

（3）固定　将胶带的一段固定在载破片一段，进行染色。一般为避免 Diff-Quick 的 A 染液引起胶带变性，直接用 B、C 液进行染色。

（4）镜检　把胶带晾干或吹干后，将采样面朝下粘贴在玻片上，置于显微镜下观察。

2. 注意要点

（1）胶带采样适用于较难刮取样本的部位，如眼周、面颊、指间等。

（2）一般只用 Diff-Quick 染液的 B、C 液染色。

二十六、细针抽吸

细针抽吸适用于对机体肿物性质的初步判断。

1. 操作流程

所需物品：电推剪、一次性无菌注射器（5mL）、载玻片、75％酒精棉或碘伏棉球。

（1）消毒　对体表穿刺部位进行剃毛和常规皮肤消毒。

（2）穿刺　一手提起和固定拟穿刺的肿物，另手持针，以与体表垂直或呈45°沿肿物长轴方向进针，进针深度以刺入肿物假想半径的1/3～2/3为度（避免刺入中心）。穿刺中看到出血，应立即拔出注射器。如有液性团块，可使注射器保持负压，尽量吸出供检查。

（3）抽吸　如"雀啄式"的方式，多次抽拉注射器形成负压，并改变注射器针头角度，以获取更多样本。

（4）拔针　拔针前放松注射器活塞，使内外压力平衡，防止样品进入注射器内而无法抹片。拔针后，常规消毒穿刺部位，并视需要酌情按压。

（5）制片　取洁净的载玻片，将针头取下，注射器抽满空气后再装上针头，将针头内样本推至载玻片上；重复操作几次，使穿刺样本完全落入载玻片上，平放针头轻轻地、均匀地沿同一方向涂片或星状挑开，或用另一张载玻片覆盖后往反方向拉开。样本量不足时须换穿刺点反复采样。

（6）染色观察　通常选用 Diff-Quick 染液染色，然后置于显微镜下观察。

2. 注意要点

（1）细针抽吸可以观察皮肤、皮下、口腔、鼻腔、眼球及球后、甲状腺、乳腺、睾丸、前列腺、肛门等部位可触及的肿物，以及借助影像学方法能够定位的深部肿物。

（2）抽吸用针头取决于肿块性质，柔软组织（如淋巴结）选用细针头；坚硬组织（如纤维瘤）选用粗针头，常选用 21～25 号针头。针头过细易导致细胞破碎，针头过粗使样品中游离细胞较少。

（3）抽吸要多次、多点、多方向，对于不同部位的肿物，应对每个肿物进行取样，以求所采样本客观、准确。

（4）超声引导下进行细针穿刺时，要用酒精代替耦合剂，因为耦合剂干扰样品染色，但酒精对探头有损伤，用完清洁探头。

（5）要对样本长期保存或送检时，常用 95％甲醇固定。

二十七、真菌检验

真菌检验适用于皮肤真菌样本的鉴别诊断。

1. 操作流程

所需物品：伍德氏灯、真菌培养基、止血钳、一次性牙刷、显微镜。

（1）伍德氏灯检查　对怀疑皮肤真菌感染的宠物，先在检查室内采用适当方法保定好，然后关闭室灯用伍德氏灯照射皮肤患部，通常被犬小孢子菌感染的患部被毛、皮屑或皮肤缺损区，约有 50％会显示苹果绿荧光（图 1-23）。

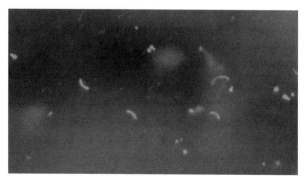

图 1-23　伍德氏灯下犬小孢子菌（苹果绿荧光）

（2）皮肤采样 确定病灶后，按前述"拔毛采样"方法，将样本直接放在培养基上，再用清洁牙刷（一次性）收集病灶皮屑和部分被毛，一起放在培养基上。

（3）样本培养 样本一般放在恒温箱内培养10d左右，在第2～10d内，每天需要检查培养基，观察其变化。

（4）镜检结果 10d后检查培养基是否有菌落生长和颜色变化，然后采样镜检，方法是戴好一次性手套，用胶带轻轻粘取菌落，采用Diff Quick液染色，胶带晾干或吹干，将采样面朝下粘贴在玻片上，然后镜检。

2. 注意要点

（1）伍德氏灯在使用前要预热5min。

（2）皮肤鳞屑和其他真菌不发荧光，所以疑似真菌病灶都应采样进行真菌培养。

（3）伍德氏灯检查会有假阳性现象，如灰尘、结痂、某些药物等。

（4）犬小孢子菌：培养后可见大分生孢子，是由6个甚至更多细胞组成，含有很厚、带刺的细胞壁。有时可见单细胞的小分生孢子。

（5）石膏样小孢子菌：伍德氏灯检查罕见阳性反应。培养后的大分生孢子比犬小孢子菌的分生孢子要长，所含细胞少于6个，细胞壁相对较薄。末端没有像犬小孢子菌那样形成把手。偶尔可见单细胞的小分生孢子。

（6）须毛癣菌：伍德氏灯检查无阳性反应。培养后的被毛上可见分生孢子链，大分生孢子如雪茄样外观，细胞壁较薄且平滑，可能会产生螺旋状菌丝，这种现象在其他癣菌中也可见，但是在须毛菌属最常见。

二十八、耳道检查与采样

适用于对动物常见耳病检查。

1. 操作流程

所需物品：检耳镜、棉棒、载玻片、盖玻片、石蜡油、染色液。

（1）动物保定　采取恰当的保定方法，如猫可用猫袋或毛巾保定、犬可用嘴套保定或站立保定。

（2）检耳镜检查　将检耳镜和电脑连接好，调节频道、亮度和焦距后得到清晰影像，握住动物耳郭，将检耳镜置于耳道内，根据观察部位进一步调整检耳镜的焦距和亮度。

（3）耳道采样　握紧动物耳郭，取一干净棉棒，在耳郭上或耳道内滚动棉棒获取耳道分泌物样本。

（4）样品涂片　将棉棒置于载玻片上轻柔滚动，使耳道分泌物粘在载玻片上。制作两张载玻片，其中一张载玻片滴加适量石蜡油后盖上盖玻片，用于直接镜检；另一张载玻片进行染色，用于染色镜检。之后在载玻片的磨砂位置写上"左耳"或"右耳"。

（5）染色方法　用于染色镜检的载玻片，先用酒精灯烘干样本，使得样本更好地固定在载玻片上；接着依次在 Diff Quick 染色液的 A、B、C 液里浸润 10～20s，并上下抽动玻片使得染液着色均匀。

（6）玻片干燥　染色完成后用清水缓慢冲洗，洗干净玻片上的染液，待其自然风干或用酒精灯烘干。

2. 注意要点

（1）如动物耳道已经发红发炎，取样时应动作轻柔，防止磨损出血。

（2）将样本转移到载玻片上时，力道要轻柔，防止细胞破裂；样本量要适中，防止过厚。

（3）载玻片的染色时间随着样本量的多少而改变，可以依照着色情况调整染色时间。

（4）染色后的冲洗要用缓慢的流水，否则样本可能会被冲走或细胞在水的冲击下破裂。

（5）采样前最好做检耳镜检查，要先知道耳道里面的情况，如分泌物的性状和量、耳内组织损伤程度、是否有增生物等。

（6）分泌物性状的指示意义

① 干性褐色，提示耳螨感染；

② 油性褐色，提示正常或马拉色菌感染；

③ 黄绿色渗出，提示细菌感染或混合感染；

④ 血色渗出，提示耳内出血或有增生物。

二十九、耳道分泌物镜检

适用于耳螨、外耳炎或中耳炎等采样镜检。

1. 操作流程

所需物品：棉棒、载玻片、盖玻片、矿物油。

（1）保定　确实保定动物不得走动，一只手抓住动物耳郭，充分显露垂直耳道。

（2）采样　另一只手取无菌棉棒轻轻伸进耳郭内侧及耳道内，边旋转边往外掏，使棉棒上尽量黏附较多的样本。

（3）固定

① 查耳螨：取一洁净载玻片，上面滴加一滴矿物油，另用一张盖玻片将棉棒上的样品刮落于矿物油中，并稍微压碎，盖上盖玻片。

② 查真菌或细菌：取一洁净载玻片，将棉签在载玻片上滚动，让样品黏附在载玻片上，然后热固定染色，放置于显微镜下检查。

2. 注意要点

（1）用棉棒采样时，须保定动物确实不得走动，抓紧耳朵，以免动物甩头造成棉棒折断或耳道损伤。

（2）可参考"犬站立保定""犬台面保定"或"猫袋保定"等操作方法。

（3）耳道内可发生的真菌感染常为马拉色菌感染，细菌感染多为葡萄球菌感染。

（4）常用低倍镜看耳螨、中倍镜看真菌、高倍镜（油镜）看细菌。

三十、一般分泌物检验

适用于宠物器官炎性分泌物的采样和镜检。

1. 操作流程

所需物品：生理盐水、无菌棉棒或采样拭子、载玻片、酒精灯。

（1）采样　对结膜囊、鼻腔、阴道或化脓性窦道等部位采样时，用无菌棉棒在相应部位粘取适量样本。

（2）制片　取一洁净的载玻片，将粘有样本的棉棒在载玻片中央分三列轻轻滚动；若分泌物呈水样稀薄，可用盖玻片呈 $45°$ 倾斜在载玻片上从样品一侧向另一侧推，做样品富集线。

（3）干燥　将玻片自然晾干，或用酒精灯烘干。

（4）染色　根据检查需要，按照染色 SOP 对样本进行相应染色。

（5）观察 根据显微镜使用方法，观察玻片和记录有意义的信息。

2. 注意要点

（1）结膜囊采样时注意把无菌棉棒放入结膜囊内，避免接触眼睑皮肤。

（2）使用小的采样拭子轻轻伸进鼻腔内采样，如鼻腔内鼻涕流出，可在鼻镜附近采样。

（3）阴道采样使用专门拭子，伸入阴道内 15cm 左右处采样。

（4）窦道采样应先对窦道口外围消毒，再把拭子插入窦道深部采样。

第六节 影像学检查

一、 X 线摄影动物摆位

适用于对动物进行 X 线摄影。

1. 操作流程

所需物品：铅手套、铅服、铅帽、铅眼镜、铅围脖和 X 线检查用动物保定垫等。

（1）进入 X 光室或 DR 室，穿戴好防护用具。

（2）以中高级助理摆位为主，初级助理从旁协助摆位。

（3）左侧位摆位：患病动物左侧朝下紧贴片盒（或探测器），以患病部位为投照中心，将动物两前肢向头侧拉直，两后肢向尾侧拉直。

（4）右侧位摆位：患病动物右侧朝下紧贴片盒（或探测器），以患病部位为投照中心，此时将动物两前肢向头侧拉直，两后肢向尾侧拉直（表1-1）。

表1-1　宠物X线胸腹腔摄影摆位技术

部位	体位	摄影范围	摄影中心	摆位技巧	厚度测量
胸腔	左侧位	胸腔入口至最后肋骨后缘	第4~5肋间隙	前肢充分前拉头颈部自然弯曲垫高胸骨	第13肋骨处
	右侧位	胸腔入口至最后肋骨后缘	第4~5肋间隙	前肢充分前拉头颈部自然弯曲垫高胸骨	第13肋骨处
	腹背位	肩关节前缘至第一腰椎	第5~6肋间隙	肘关节外展脊柱拉直	第13肋骨处
	背腹位	肩关节前缘至第一腰椎	第5~6肋间隙	肘关节外展脊柱拉直	第13肋骨处
腹腔	左侧位	前界达到横膈后界到髋关节水平上界包括脊柱下界包括腹底壁	最后肋骨后缘	后肢向后牵拉120°垫高胸骨	最后肋骨后缘
	右侧位	前界达到横膈后界到髋关节水平上界包括脊柱下界包括腹底壁	最后肋骨后缘	后肢向后牵拉120°垫高胸骨	最后肋骨后缘
	腹背位	剑状软骨至耻骨前缘,包括两侧腹壁	最后肋骨后缘	后肢呈"蛙式"脊柱拉直	最后肋骨后缘

（5）腹背位摆位：患病动物背部紧贴片盒（或探测器），仰躺在机器上，以患病部位为投照中心，将动物两前肢向头侧拉直，两后肢向尾侧拉直，最好利用保定垫进行摆位。

（6）背腹位摆位：患病动物腹部紧贴片盒（或探测器），趴在机器上，以患病部位为投照中心，将宠物两前肢向头侧拉直，两后肢向尾侧拉直。

（7）拍片结束后，安抚好患病宠物并给予表扬。

（8）脱掉防护用具，清理消毒台面。

2. 注意要点

（1）X线具有一定的辐射危害，检查者应按规定穿戴防护器具后再行摄影操作。

（2）按检查要求确定动物体位，选择摄影中心点，调节遮光器，使X线恰好辐射必要的摄影范围，减少不必要的辐射范围。

（3）表1-1介绍了X线胸腹腔摄影的摄影中心、摄影范围及摆位技巧。

（4）经常操作X线摄影的员工，建议间隔一段时间进行血常规检查，根据自身血象状态改进防护措施和调整摄影操作频次。

二、 DR 操作流程

适用于对动物进行X线检查。

1. 操作流程

（1）准备机器　按照DR（数字X线摄影）的操作说明开机，并建立病患档案。打开DR有关开关必须按照规定的顺序，顺序不对会导致数据出错，或不能正常开机。

（2）做好防护　按照相关规定穿戴好防护用具。

（3）动物摆位　将动物置于摄片台上，根据检查要求对动物进行恰当摆位（图1-24）。

（4）开始拍摄　调节拍摄参数，打开机器光栅，将拍摄部位置于拍摄范围内，即可进行曝光（图1-24）。

（5）拍摄结束　当X线影像出现在显示屏上时，做好L/R体位标记（图1-24）；将宠物交还给客户或作进一步检查，并消毒 DR 摄片台。

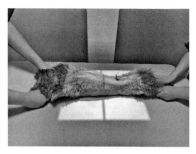

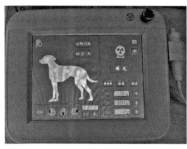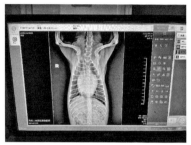

图 1-24　DR 操作犬摆位及拍摄

2. 注意要点

（1）与 DR 开机有关的电源开关较多，如总电源、高压发生器、探测器、电脑、控制器等，必须按照规定的顺序依次打开各个开关，才能保证正常开机。

（2）X 线检查对动物摆位有不同的要求，应当按照"动物 X 线检查摆位图"的示范进行摆位。

（3）下班时，务必把 DR 相关的开关关上。

三、 B 超操作流程

适用于对临床病例进行 B 超检查。

1. 操作流程（图1-25）

所需物品：B超仪、耦合剂或酒精棉、电推剪。

 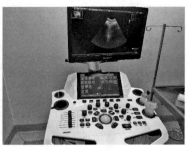

图1-25 B超操作演示

（1）仪器准备

① 将B超机打开，输入宠物信息；

② 准备足够的耦合剂或酒精棉，保持检查台和检查垫清洁干净，备好电推剪。

（2）动物准备 确认要检查的宠物部位后剃毛，参考剃毛范围如下。

① 全腹腔超声检查：从剑突软骨向两侧沿肋弓剃到体侧壁，再沿体侧壁向后直到耻骨前缘，该范围内需进行广泛剃毛。

② 心脏超声检查：先在腋下摸到心搏，并以此为中心向前后各剃除2～3个肋间隙的被毛，向下剃至肋骨和胸骨连接处，向上剃至腋窝水平（左右两侧相同）。

（3）动物保定

① 将动物放在检查台上，头与仪器同方向。

② 腹部超声检查：仰卧保定，最好用有凹槽的保定台。

（4）心脏超声检查 先行右侧卧保定，B超扫查后再行左侧卧保定，双侧均要使心区（剃毛区）置于窗口位置，向前拉伸右前肢，充分暴露心区（可让主人在头侧帮忙保定或安抚宠物），连接 ECG 导联。

（5）B 超检查

① 对检查部位先喷洒酒精，再涂布耦合剂，并适当按摩以促进耦合剂和皮肤结合。

② 准备工作完成后，开始进行超声检查。腹部超声检查的详细步骤参见有关资料。

③ 检查中及检查做完后，选择理想图像冻结保存，将宠物检查部位及探头上耦合剂擦拭干净。

④ 将检查所得信息记录于病历上，或用超声软件打印出报告。

⑤ 当天最后一个病例检查结束后，关闭 B 超仪电源。

2. 注意要点

（1）对于怀疑有传染性疾病的宠物，需要做 B 超检查时，要用安全套保护探头。

（2）若动物需要做细针或超声引导的穿刺时，不能用耦合剂，只能用酒精。

（3）对怀疑有心血管问题的动物做 B 超检查，最好在检查过程中持续给予氧气。

（4）B 超检查过程尽量选择在较暗和安静的房间内进行，尤其心脏超声检查。

四、 CT 操作流程

适用于 CT 使用和维护。

1. 操作流程

所需物品：CT 机、麻醉机等。

（1）X 射线球管

① 准备对动物扫描时，需提前预热球管。

② 要定期对空气快速校准（注：一周一次）（图 1-26）。

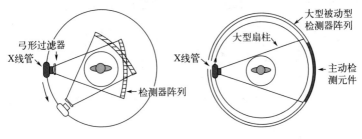

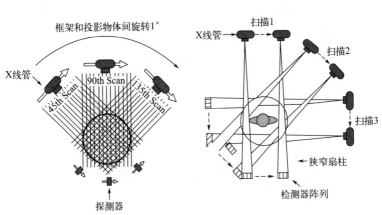

图 1-26　CT 成像原理

③ 扫描前检查 X 射线孔是否整洁。

④ 按照扫描协议选定管电流，勿随意更改。

⑤ 扫描中勿突然停止扫描，突发情况除外。

（2）检查床

① 切记检查床最大承重 180kg。

② 切记检查床附件承重不超过 34kg。

③ 切勿外力冲撞扫描床。

④ 若扫描床进水，需解除电动装置，待手动复位后将水擦净。

⑤ 禁止在日常扫描中手动移动检查床附件，但特殊情况除外（如检查床进水、扫描中动物病情加重等）。

⑥ 手动移动检查床附件所需最小力量为 250N。

⑦ 检查床下方禁止摆放任何物品。

⑧ 禁止同时使用脚踏和指示按钮。

⑨ 定期清理检查床内灰尘，检查床的附件伸缩状况，定期更换润滑油。

⑩ 当扫描架显示器上出现 E02 时，应锁定检查床手动锁，并复位检查床。

⑪ 确保氧气管道长度能达到扫描长度。

（3）操作台

① 禁止在操作电脑上下载任何软件。

② 机器运行中禁止移动操作台主机。

③ 机器运行中禁止拖动电缆或拔出电源。

④ 操作台电脑禁止插入任何 U 盘及移动硬盘。

（4）电流安全

① 机器运行中禁止关闭电源。

② 禁止私自打开电闸箱关闭阀门。

③ 禁止私自更改电路通道。

④ 告知停电前，需提前关闭所有电源阀门。

2. 注意要点

（1）停止扫描超过 30min，需提前预热球管，才能扫描下一个病例。

（2）定期清洗 X 射线孔。

五、 MRI 操作流程

适用于 MRI 使用和维护。

1. 操作流程

所需物品：MRI 机、麻醉机等。

（1）打开机柜 选择一键开机，打开机柜室内的空调；麻醉动物，选择合适线圈，接上线圈，摆位，打开磁体操作电源，激光对齐，定位，关掉磁体操作电源。

（2）打开电脑 登记病例信息，选择线圈及选定扫描部位。

（3）选择序列 如扫描头部，首先双击 T1WI-TRA 序列，再双击该序列进入参数修改，修改层数为 1，旋转切片让各方向与扫描位置垂直，再修改层数至完全覆盖扫描部位的层数为止。修改 FOV 至合适大小，完全覆盖扫描部位，调整 FOV 宽度及过载。修改 sequence 参数，主要是 TR（重复时间）和 Averages（平均次数）。接着选择 T2WI-TRA 和 FLAIR-TRA，如有问题可以选择增强和继续扫描 T1WI-SAG 和 T2WI-SAG 等序列。

如扫描脊椎，通常先做 T1WI-COR 作为定位像，Averages 选至 2 次，时间较短。再做 T1WI-SAG 和 T2WI-SAG，如有问题做 T1WI-TRA 和 T2WI-TRA 等序列，如没问题可以考虑不做。

（4）扫描完毕 关闭麻醉机，送出动物，关机柜和关机柜房间空调，打扫卫生。

2. 注意要点

扫描前需确定氧气、机柜、麻醉机、空调等是否为正常状态。

第二章

宠物疾病防护

第一节　宠物常见疾病防治

一、鼻饲管放置

适用于对患病宠物进行肠内营养支持。

1. 操作流程

所需物品：鼻饲管、2％丙美卡因或 2％利多卡因凝胶、注射器、生理盐水、502 黏合剂或带针缝线、剪刀等。

（1）测量长度　根据解剖结构，测量鼻孔到第 7～8 肋间之间的长度，并做好标记。

（2）局部麻醉　向需要插管的鼻孔里滴加 2％丙美卡因或 2％利多卡因 4～5 滴，2～3min 后再滴加 2 滴麻醉药。

（3）插入饲管　操作者一手固定宠物头部，另一只手持涂有润滑剂的导管插入一个鼻孔内至标记处。注意饲管经过咽喉时猫是否有吞咽动作，并不要制止。

（4）测试效果　插管后拍 X 线片观察饲管头侧是否到达标记位置（食道后 2/3 部位，不能进入胃部），如不理想则调整饲管至位置合适为止。也可向饲管内注射 1～2mL 生理盐水，检查插管是否正确插入食道，若饲管在气管处，动物会有咳嗽的表现。

（5）固定饲管

① 用502黏合剂将鼻饲管固定于宠物前额皮肤上或缝合在鼻部和头顶部皮肤上，也有一些固定在面部侧面2～3个缝合点（图2-1）。

图2-1　犬猫鼻饲管放置

② 用注射器针头穿透鼻饲管上的胶膏和面部皮肤，另将丝线穿过针头，抽出针头后打结，将鼻饲管固定在皮肤上；然后用纱布在鼻饲管开口处打结，将开口放置在背侧颈部，用绷带环扎颈部固定。

（6）护理要点　切勿让鼻饲管触碰到猫咪胡须，并佩戴伊丽莎白圈，以免宠物抓掉鼻饲管。

2. 注意要点

（1）安装鼻饲管的意义：有利于水、营养物和药物的投喂，给采食困难的宠物建立进食通路。

（2）如果将饲管误插入气管，当注入生理盐水时，宠物便会咳嗽。

（3）安装鼻饲管的长度，如果短期留置，选取鼻孔到最后一节肋弓的距离；如果长期留置，为避免刺激贲门，选取鼻孔至第7～8肋间的距离。

（4）宠物用的鼻饲管较细，应选择宠物专用流体食物，如信元术后罐头、皇家 ICU 饲管专用罐头、希尔斯罐头（需要研磨加工）。饲喂其他食物一定磨成细粉状，用温水泡开后，经干净的纱布过滤后方可饲喂。食物不可太稀，稀糊状即可。食物温度在 38～40℃。最好在饲喂前用备用饲管体外试温。

（5）每次喂食前要用 5mL、39℃左右温开水冲洗饲管，确保饲管通畅湿滑，喂食后也要再次冲洗饲管，防止附着在饲管上的食物干燥后阻塞饲管。

（6）将饲管盖打开前，左手拇指和食指要先将出口处的管子压紧，以免空气进入胃中。

（7）投喂食物时，左手扶住饲管，因为喂食时压力大，易造成针筒与饲管连接处分开，造成食物喷出。

（8）饲喂过程中要缓慢，每 10mL 流体食物大约 2min 喂完。

（9）加强口腔护理，喂食过后用水冲洗口腔，也可用可鲁口腔喷剂护理。

（10）如有呕吐症状，应停止饲喂，2h 后再次尝试饲喂。

（11）留置饲管的同侧眼睛需要每天清洗并滴抗菌眼药水，防止细菌感染。

（12）若鼻腔异常或鼻腔疾病感染的宠物以及咽喉异常的宠物不适宜放置鼻饲管。

二、食道胃管放置

适用于对犬猫进行肠内营养支持。

1. 操作流程

所需物品：食道胃管、刀片、止血钳、带线缝针、抗菌软膏、敷料、弹性绷带。

（1）动物麻醉 根据动物体况对其进行麻醉，并监测动物的体征情况。

（2）测量长度 测量术部到第 7～8 肋间的距离，做好标记，并对术部进行剃毛消毒。

（3）食道切开 动物右侧卧，经口腔沿动物体躯左侧将止血钳插入食道，于食道颈部区往外顶着皮肤使其往外凸，另用手术刀片避开颈部动静脉，在凸出处切开皮肤，让止血钳的头部穿出皮肤。

（4）插入导管 用穿出皮肤的止血钳头部夹着导管的末端（图 2-2），将导管穿过食道切口从口腔拉出至标记处。然后再次将导管从口腔插入食道，直到所有的导管全进入食道为止。

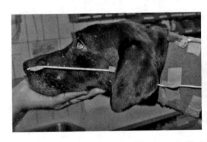

图 2-2　犬猫食道胃管放置

（5）调整深度 牵拉导管的头侧，将导管拉直，并用喉镜检查食道内饲管是否拉直。

（6）固定包裹 将胃管开口部分缝合到颈部皮肤上，术部涂抹药膏并覆盖柔软垫料，用纱布和弹性绷带将其包裹起来。

2. 注意要点

（1）导管放置部位不能进入胃内。

（2）皮肤切口要避开颈静脉和颈动脉。

（3）放置后固定前，建议拍 X 线片以确认导管位置放置恰当。

（4）导管的皮肤切口需要 3～5d 清洗一次，并涂搽抗生素软膏，防止继发感染。

（5）日常非饲喂时段，需要将饲管口封堵。每次饲喂食物需要先用温水冲洗，后喂流质食物，最后同样需要用温水冲洗。

（6）饲喂速度要缓慢，否则易引起逆呕反应。

三、无菌手术创护理

适用于无菌手术创的术后常规护理。

1. 操作流程

所需物品：注射器、留置针管、敷料、棉球、止血钳、组织镊、拆线剪等。

可选用药品：0.05％～0.1％苯扎溴铵、0.1％利凡诺、碘伏、生理盐水、红霉素软膏、商品化的外伤清洁消毒液（银离子清洗液、溶菌酶消毒液等）、抗菌外伤药膏或凝露等。

（1）揭开手术创的包扎绷带和下层辅料，观察切口干燥且缝线无断开，可用组织镊（或止血钳）夹持碘伏棉球，由里向外对切口进行清洁和消毒，其中肛门或尿道口附近的伤口，对其消毒后宜涂布红霉素软膏（或抗菌外伤药膏或凝露）。

（2）揭开包扎后，若有单个或几个缝线断开，先用组织镊（或止血钳）夹持碘伏棉球对此处皮肤仔细涂擦消毒，再对切口下面的皮下组织（多为筋膜）进行涂擦，如果皮下间隙很小，可用棉签浸碘伏插入皮下涂搽，并尽可能扩大消毒范围，然后快速补充缝合（在可靠保定下不必麻醉，避免术后初期再次麻醉发生意外）。

（3）揭开包扎后，若切口皮肤红肿且有炎性渗出液，则伤口可能感染，可用 75％酒精或 0.5％碘伏，由远及近对切口附近皮肤及切口进行彻底清洁和消毒，之后可用庆大霉素生理盐水对切口皮下间隙进行冲洗（因初期感染多发生在皮下），然后注入适量庆大霉素或头孢菌素。一般需视感染程度，考虑是否需要拆除部分缝线，以便于冲洗和伤口净化。

（4）对术后检查未感染或有补充缝合的切口，在局部清洁消毒后继续包扎。通常，位于背部且创口小的创伤，很少会发生感染，不包扎更容易愈合。切口位置低的手术创易污染，若感染后经科学处理，都应在清洁消毒后包扎，以防止被再次污染。

（5）传统的包扎材料主要是卷轴纱布绷带和无菌纱布块，当前较多使用"佐帕"覆盖创部，先用纸胶带初步固定，再根据创伤部位选择使用卷轴绷带、自粘绷带或穿纱布衣等进行可靠固定。

2. 注意要点

（1）手术创术后的正常表现　术后第 1～3 天，皮肤微红及轻微肿胀、痛感明显；术后第 4～5 天，皮肤红肿减轻，痛感依旧；手术第 6～7 天后，创部红肿现象基本消退，痛感减轻。未感染的手术创，术后检查局部保持干燥无渗出。

（2）"佐帕"　为一种无黏性双面敷料，由表及里分别为聚酯薄膜保护层、非织造材料覆盖层、柔软且具高吸附性的纤维素层与合成纤维层，其中聚酯薄膜保护层有均匀的钻石形状的透气孔，既能良好地吸收渗出液和保护伤口，又不会破坏伤口。

（3）市面上有很多宠物专用的低刺激性外伤清洗消毒产品，可较好地替代碘伏、利凡诺等传统的创伤消毒液。

（4）对于选用抗生素冲洗污染切口的做法，建议在细胞学确

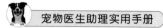

定存在细菌感染的前提下，在药敏试验指导下选择抗生素。

四、新鲜污染创处理

适用于受伤未超过 6h 的新鲜创处理。

1. 操作流程

所需物品：输液管、注射器、敷料、棉球、止血钳、敷料镊、拆线剪等。

可选用药品：3％双氧水、0.05％～0.1％苯扎溴铵、0.1％利凡诺、碘伏、生理盐水等。

（1）创围清洁　先用灭菌生理盐水浸湿的数层纱布覆盖创口，剪除距创缘 5～10cm 范围内的被毛，之后常用 3％双氧水、0.1％苯扎溴铵溶液等将创围皮肤清洗干净并擦干，再用 2％碘酊和 70％酒精依次对创围皮肤涂擦消毒。

（2）创腔冲洗　揭去覆盖创口的纱布，视污染程度选用 3％双氧水、0.1％苯扎溴铵或 0.1％利凡诺彻底冲洗创腔，除去创内的血凝块、异物或污染物，使新鲜污染创变为近似清洁创，甚至无菌创。

（3）创伤缝合　从创腔底部开始，选用可吸收缝线和单纯间断（结节）缝合法、单纯连续（螺旋）缝合法或"8 字形"缝合法等依次缝合各层组织，消除创腔，最后选用不吸收缝线和结节缝合法闭合皮肤创口。

（4）创伤包扎　对新鲜污染创处理后，一般需根据创伤形状和大小进行适当包扎。位于背部且创口很小的创伤，通常无需包扎，容易达到第一期愈合。位置较低且易污染的创口，应进行包扎以防止污染。如四肢新鲜创，可用弥尔佩乐慈"佐帕"（ZOR-BOPAD™）或无菌纱布垫覆盖后包扎。躯干或腹侧面创口可覆盖"佐帕"或无菌纱布垫后，另穿纱布衣进行包扎。

2. 注意要点

（1）新鲜污染创概念　是指伤后时间较短（一般不超过 6h）的创伤，通常被污染而未发生感染，创内各种组织的轮廓清晰易识别。对伤后 4～6h 内的新鲜污染创，及时、科学合理的处理容易取一期愈合形式。

（2）新鲜污染创治疗原则　细致清洗，尽快闭合。施行无菌手术的时候，因手术室并非完全无菌环境，实施无菌操作的手术创实际有可能是新鲜污染创，所以在完成主手术以后，必须用生理盐水彻底冲洗，使之成为无菌创。

（3）辅料"佐帕"　一种无黏性双面敷料，由表及里分别为聚酯薄膜保护层、非织造材料覆盖层、柔软且具高吸附性的纤维素层与合成纤维层，其中聚酯薄膜保护层带有均匀的钻石形状透气孔，既能良好地吸收渗出液和保护伤口，又不会黏附伤口。

五、感染创处理

适用于对动物外伤和手术创感染的处理。

1. 操作流程

所需物品：注射器、输液管、引流管、敷料、棉球、止血钳、敷料镊、手术剪等。

可选用药品：3％双氧水、0.05％～0.1％苯扎溴铵、0.1％利凡诺、碘伏、生理盐水、太白老翁散等。

（1）首先剪去创围和创缘约 5～10cm 范围内的被毛，然后用 3％双氧水、0.05％～0.1％苯扎溴铵或 0.1％利凡诺等溶液，依次冲洗创围、创缘皮肤和创腔。

（2）对创口小的深部感染创，可以选用 10～50mL 规格的一次性注射器，抽取0.1％苯扎溴铵或利凡诺溶液，也可用含适量抗生素的生理盐水（首次为广谱抗生素，若陈旧伤建议根据药敏试验结果选择），进行间断性压力冲洗。必要时可安装引流管留置5～7d，每天通过引流管冲洗创腔，适当轻轻挤压腔隙，观察引流管是否通畅，以液体排出量逐日减少为好。冲洗后根据医嘱，向腔隙内注入抗菌、抗炎、促进组织修复等的药物。然后轻按外表皮肤，使药物在腔隙内均匀分布。

（3）对创口大的浅表性感染创，可用一次性输液管连接多量抗生素生理盐水进行连续性冲洗。清创过程中，一般需要使用止血钳和手术剪、辅料镊或组织镊，目的是除去创内坏死组织。

（4）对于感染严重的创伤，为控制感染并增加引流和减轻肿胀，可向创内撒布抗生素粉或具去腐生肌作用的中成药散剂（如太白老翁散），原则上保持创伤开放。

（5）对四肢下部的伤口，在用含抗生素的生理盐水清洗、喷酒精或湿敷后，为保护创部防止继发性损伤，应当包扎。

（6）传统包扎用的敷料主要是无菌纱布块，其有和创面发生粘连、更换敷料引起疼痛的缺点，目前临床上较多选用弥尔佩乐慈"佐帕"（ZORBOPAD^{TM}，无黏性双面敷料）覆盖创面，再用透气胶带将其固定于创围皮肤上，最后用卷轴绷带或自粘绷带包扎。

（7）在感染创治疗早期，一般应每天对伤口进行清洗处理，以便有效地控制感染和促进创腔净化。经过多次治疗后，感染创将逐渐转化为保菌创（肉芽创），然后按肉芽创进行治疗。

（8）对于创腔浅的较小感染创，为使创伤取一期愈合形式，可在创围皮肤与皮下组织比较松弛的前提下，将此感染创行常规无菌处理后全部切除，使之转变为无菌手术创，然后再施行密闭缝合。需要指出，缝合后的组织张力不可过大，否则因局部血循不良而影响愈合。

（9）有技术条件的医院，可每隔1d取创部渗出物进行细胞学检查，通过对比，可以从细胞水平了解创伤发展过程。

2. 注意要点

（1）感染创 伤后时间长，进入创内的致病菌大量繁殖，对机体呈现致病作用，此时创内各组织轮廓不易识别，创部呈现显著的红、肿、热、痛炎症反应，并形成脓液；久之脓液黏稠、量少，创缘皮肤干燥，创部仍然存在不同程度的红、肿、痛反应。新鲜污染创延误治疗超过4～6h，易转化为感染创，即使进行细致的清创处理，也往往无法避免细菌感染。

（2）感染创治疗原则 彻底清创，促进净化。感染创的治疗方法与新鲜污染创治疗方法类似，但更强调清创和用药控制感染。

（3）创伤冲洗液体选择 要根据实际情况，表皮损伤可选择低刺激性消毒液，皮下软组织或黏膜组织损伤禁止使用刺激性消毒液。若想采样镜检，应选择生理盐水冲洗。

（4）创伤引流管护理 清洗创伤时，轻压创腔见有液体流出，表明通畅；如果发生堵塞，可用注射器连接头皮针软管插入引流管中进行反复抽吸。

（5）创伤包扎要点 ①保持创面湿润，有利于愈合；②新生肉芽组织脆弱，毛细血管丰富易出血，尽量选用材质表面细腻的敷料，以减少对创面的刺激；③包扎时注意松紧度，过紧会影响血液循环，过松容易脱落。

六、肉芽创处理

适用于对感染创治疗后期即肉芽创的处理。

1. 操作流程

所需物品：输液管、注射器、敷料、棉球、止血钳、敷料镊、手术剪等。

可选用药品：0.05％～0.1％苯扎溴铵、生理盐水、红霉素软膏、庆大霉素鱼肝油乳剂、云南白药、太白老翁散、康复新喷剂、干细胞生长因子等。

（1）对未经任何处理的肉芽创，首先剪除创缘5～10cm范围内的被毛，接着用0.05％～0.1％苯扎溴铵或0.1％利凡诺溶液，依次冲洗肉芽创面、创缘皮肤和创围，然后选用红霉素软膏、庆大霉素鱼肝油乳剂、云南白药粉或太白老翁散等涂布，最好根据创伤形状和大小进行适当包扎。

（2）对于肉芽生长缓慢或血液供应不良（颜色表现为淡白）的创伤，可及早使用干细胞生长因子，局部注射或表面喷洒。

（3）对于炎性净化基本完成、肉芽形成良好，但皮肤无法覆盖创面的创伤，可进行细致清洗后对创缘修剪或改造，或进行皮下潜行分离，然后对皮肤创缘施行全部或部分缝合，将有利于加快愈合，减少瘢痕形成。但要指出，皮肤缝合后张力不能大，否则会造成创缘撕裂或缝线断开，或皮肤血循不良影响愈合。

2. 注意要点

（1）肉芽创的概念　是指随着感染创炎性渗出减少和组织坏死停止，创内出现由成纤维细胞和新生毛细血管共同构成肉芽组织的阶段。健康肉芽组织呈粉红色颗粒状，表面附着少量黏稠的灰白色脓性分泌物，形成创伤的防卫面，可防止感染蔓延。

（2）肉芽创治疗原则　保护新生肉芽，加速上皮生长。肉芽创的治疗与感染创治疗重点不同，侧重于保护肉芽和促进伤口收敛。

（3）肉芽组织的愈合　正常情况下肉芽生长迅速，数日即可填充创腔接近创面皮肤水平，同时创口不断收缩变小，较小的肉芽创多由上皮细胞增殖和迁移覆盖创面而愈合，而创口偏大的肉芽创多以肉芽组织转为瘢痕组织而愈合。因此，一般可通过局部整形将肉芽创转化为无菌创进行缝合。

七、公犬导尿

适用于公犬尿道堵塞的疏通或采集尿液检查。

1. 操作流程

所需物品：双腔导尿管，注射器、润滑液、0.05％～0.1％苯扎溴铵或利凡诺溶液、乳胶手套等。

（1）导尿前准备　犬只侧卧或仰卧保定，包皮和腹部剃毛并清洁消毒，在体外估算导尿管从尿道口至膀胱的插入深度，做好标记。

（2）清洗阴茎　将公犬包皮后退，手指捏住阴茎根部使其充分显露，用上述抗菌液棉球擦拭清洗阴茎及尿道口；也可一手提起包皮囊，另一只手用注射器抽取 0.05％～0.1％苯扎溴铵或利凡诺溶液，注入包皮囊内进行冲洗。

（3）插入尿管　用润滑液润滑导尿管头部，将其轻轻插入尿道口，向坐骨弓及膀胱方向缓慢推进，至坐骨弓处可感到一定阻力。

（4）向前推进　助手在坐骨弓处触摸到导尿管前端后，用拇指将其向膀胱方向下压，操作者继续推进导尿管，当进入膀胱后即有尿液流出。若感觉有结石堵塞时，可让助手抽取一定量的生理盐水，从导尿管接口处往尿道内注入。操作者此时可捏紧阴茎和导尿管，防止生理盐水溢出，目的是将结石送回膀胱。疏通后即可将导尿管送入膀胱。

（5）收集尿液　弃置初始1～2mL尿液后，即可收集尿液样本或排空膀胱，然后取出导尿管或按医嘱留置导尿管（图2-3）。

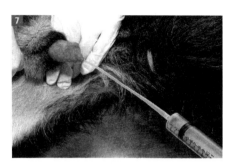

图2-3　导尿管采集尿液

（6）留置导尿管　常选用双腔导尿管，往球囊内腔注入适量的生理盐水，即可确保导尿管不脱落。

2. 注意要点

（1）如果是结石引起的尿路堵塞，应该通过膀胱穿刺来采集尿液样品。

（2）若需要通过水压将结石送回膀胱，应在实施前通过B超确定膀胱的充盈情况，防止压力过大导致膀胱破裂。

（3）留置导尿管时需要连接延长管和尿袋，密闭尿路，减少尿路感染的概率。

八、母犬导尿

适用于母犬膀胱感染或采集尿液检查。

1. 操作流程

所需物品：双腔导尿管、注射器、扩阴器、润滑液、0.05％～0.1％苯扎溴铵或利凡诺溶液、乳胶手套等。

（1）母犬保定　最好镇静，有利于消除紧张并减轻疼痛，之后取俯卧保定。

（2）确定深度　体外估算导尿管从尿道口至膀胱的插入深度，做好标记。

（3）清洗阴道　可用 0.05%～0.1% 苯扎溴铵或利凡诺溶液冲洗外阴和阴道前庭。

（4）找尿道口　用扩阴器打开阴道口，在光源（如麻醉喉镜）辅助下，在阴道腹侧中线找寻尿道口。

（5）插入尿管　用润滑液润滑导尿管头部，将其轻轻插入尿道口，向膀胱方向缓慢推进，如有尿液流出表明导尿管进入膀胱。

（6）收集尿液　弃置初始 1～2mL 尿液后，即可收集尿液样本或排空膀胱，然后取出导尿管或按医嘱留置导尿管。

（7）留置导尿管　常选用双腔导尿管，往球囊内腔注入适量生理盐水，即可确保导尿管不会脱落。但对于母犬，一般要选择较大号的导尿管，若球囊膨胀体积不够，很容易被母犬排出。

2. 注意要点

（1）此方法适用于体型较大的犬只，可使扩阴器插入阴道前庭。

（2）镇静常选用丙泊酚或舒泰 50。

（3）导尿后如欲留置导尿管，应使用和留置软质导尿管。如用软质导尿管无法完成导尿，只能选用质地较硬的导尿管，但不宜留置。

（4）留置导尿管时需要连接延长管和尿袋，密闭尿路，减少尿路感染概率。

九、公猫导尿

适用于公猫尿道堵塞的疏通或采集尿液检查。

1. 操作流程

所需物品：公猫导尿管、注射器、润滑液、0.05%～0.1%苯扎溴铵或利凡诺液、乳胶手套、10%利多卡因、温生理盐水、注射器、24G留置针的软针部分等。

（1）导尿前准备 侧卧保定或仰卧保定。包皮睾丸周围剃毛，用新洁尔灭擦洗干净。

（2）清洗阴茎 将公猫阴茎包皮后退，手指捏住阴茎根部使其不能回缩，用上述抗菌液棉球擦拭清洗。

（3）插入导尿管 先于阴茎口滴 2～3 滴利多卡因溶液，浸润 5min。用润滑液润滑导尿管头部，将其轻轻插入尿道口，向膀胱方向缓慢推进，约入 2cm 深度时可感到阻力。

（4）向前推进 一手捏住阴茎基部向尾侧拉动，另一只手持导尿管稍微用力向膀胱方向推进，抽出导尿管内芯，即见尿液流出。若感觉阻力很大或有明显堵塞时，可退出导尿管，换用 24G 留置针接连注射器，插入尿道内往返推注温生理盐水，冲刷尿道，可使堵塞在尿道口的结晶被冲散排出后再次尝试将导尿管插入。

（5）收集尿液 弃置初始 1～2mL 尿液后，即可收集尿液样本或排空膀胱，然后取出导尿管或按医嘱留置导尿管。

（6）留置尿管 使用外科缝针缝线，将导尿管末端缝合在公猫阴茎包皮上。

2. 注意要点

（1）对于性情凶的猫，必要时需要镇静才能导尿。对于病情严重的猫，当不适宜镇静时，可选择局部麻醉，并由助理协助保定好，再实施导尿。

（2）导尿前必须先对猫进行 B 超检查，以确定膀胱的完整性和充盈度。避免导尿过程造成膀胱破裂等意外发生。

（3）留置导尿管后必须连接尿液引流管和接尿袋，目的是保持尿道口卫生干净，减少继发感染。

十、膀胱穿刺

适用于各种原因引起的尿闭或尿潴留以及尿液检查。

1. 操作流程

所需物品：注射器、输液器头皮针头、70％酒精棉球或碘伏棉球、采尿管等。

（1）确定位置　触诊膀胱，确定其大小、位置、软硬度。

（2）动物保定　自然站立姿势，或仰卧保定，必要时轻度镇静。

（3）剃毛消毒　选耻骨前缘、腹中线为膀胱穿刺部位，在此处剃毛和消毒。

（4）膀胱穿刺　在 B 超引导下，一只手固定膀胱，另一只手持输液器头皮针，从膀胱颈部朝向膀胱顶部穿透腹壁后刺入膀胱。

（5）收集尿液　自然排尿或用注射器抽吸尿液，完成采尿或膀胱排空后，拔出针头，用酒精棉球消毒穿刺部位。

2. 注意要点

（1）穿刺前，操作者必须一手将膀胱固定好，另一手于膀胱口往膀胱顶方向进针。

（2）穿刺全过程，固定膀胱的手不能松脱。

十一、眼睛清洗

适用于非角膜穿透眼病的局部治疗或术前清洁。

1. 操作流程

所需物品：洗眼液、棉球、纸巾。

（1）动物保定　犬猫侧卧，助理确实固定其头部，保持内眼角稍高。

（2）眼睛清洗　洗眼者两手指配合翻开上下眼睑，另一只手用装有洗眼液的注射器或商品化洗眼液，向结膜囊内滴入几滴（图2-4），之后闭合其眼睑，用手轻轻按摩1～2次，促进药液在眼内扩散。

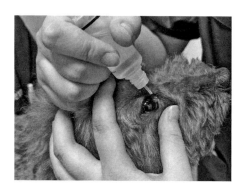

图2-4　滴眼操作

（3）冲洗次数　一般眼病通常冲洗3～5min，眼部化学烧伤病例应当冲洗10～15min。洗眼液温度保持在32～37℃为宜。

（4）特别处理　对眼球穿孔伤或眼球裂伤，洗眼则须慎重，防止冲洗时将细菌及异物带入眼球内。常用小棉签或眼科镊（或蚊式止血钳）夹取小棉球浸洗眼液，环绕患部由里向外擦拭洗眼。如动物挣扎致洗眼难以进行时，可行镇静或局部麻醉后再行洗眼。

（5）眼周清洁　洗眼完成后，用软纸巾将眼周被毛及皮肤清洁干净。

2. 注意要点

（1）治疗结膜和角膜炎症时，应先行洗眼除去结膜囊内的分泌物、致病性微生物或可能存在的异物，然后给予眼药水或眼膏。

（2）眼科手术前必须洗眼，对眼球表面及结膜囊进行清洁和消毒。确实保定宠物头部，用商品化的宠物专用洗眼液或眼睛护理液滴眼。

十二、眼睛用药

适用于患眼清洗后的眼表用药治疗。

1. 操作流程

所需物品：眼药水（滴眼液）、眼药膏。

（1）动物保定　视情况轻度保定动物，限制移动。

（2）打开眼睑　一只手在扶好头部的同时，用拇指打开上下眼睑。

（3）滴加眼药　按照处方签要求或药物说明书向患眼滴加眼药，然后闭合动物眼睑，用手轻轻按摩几秒，促进药物在眼内扩散。

（4）眼周清洁　眼睛用药后，用软纸巾将流到眼周的药水擦干。

2. 注意要点

水剂眼药可从内眼角点眼，但药瓶瓶口端不能触及眼球、眼睑等。

十三、耳道清洁

适用于对动物多种外耳或中耳疾病的治疗。

1. 操作流程（视频 2-1）

所需物品：洗耳液、耳药、棉棒、脱脂棉、纸巾、托盘。

视频 2-1

耳道清洁操作

（扫码观看）

（1）动物保定　采取恰当的保定方法，如扎口或戴口笼，必要时施以镇静或全身麻醉。

（2）翻开耳郭　握紧动物耳郭，翻开，充分暴露垂直耳道。检查耳道内是否有堵塞物或毛发是否过多，必要时需要先拔除。

（3）清洗耳道　往垂直耳道里滴加洗耳液 $1\sim2mL$，并均匀搓揉耳根部。

（4）动物甩头　搓揉耳根和耳道壁 30 多秒后，放开动物，由其自然甩出耳内液体；若动物无反应，可往耳道吹气。

（5）擦干耳道　用纸巾擦拭外耳道，尽量避免使用棉签，擦拭力度不可过大以免损伤耳道黏膜。对于耳郭角落难以清洁处可用小棒棉签轻柔擦拭。

（6）耳内用药（视处方而定）　向耳道内滴加 $2\sim3$ 滴处方耳药，并搓揉耳根部，使药物在耳道内均匀分布，然后由动物自然甩头后，对耳郭及耳道周围皮肤进行清洁。

2. 注意要点

（1）对鼓膜不完整的动物，不宜进行洗耳操作。

（2）滴洗耳液时，动物的甩耳反应很大，须可靠保定，堵住耳道口，防止药液甩出。

（3）耳道内有过量耳毛时，将耳毛粉倒入耳道内轻揉 30～

60s，可用止血钳夹住耳毛并轻轻转动，将耳毛拔除。

十四、结肠灌洗

适用于结肠炎经肠道给药、便秘灌肠等。

1. 操作流程

所需物品：灌肠管（或犬用导尿管）、输液器、50mL注射器、温热肥皂水、生理盐水、润滑剂、干毛巾。

（1）动物保定　动物侧卧保定，必要时镇静，助手保定头部，防止动物起身。

（2）标记深度　测量灌肠管自肛门至肋弓后缘的距离，并做好标记。

（3）插入肠管　将灌肠管前端浸上润滑剂后插入肛门，并达到标记的深度。

（4）注入液体　用50mL注射器抽取温热的肥皂水或生理盐水，连接灌肠管注入结肠。若拟灌入大量液体，可将一次性输液器和灌肠管相接向肠内灌注液体，此时需用一只手捏紧肛门口，防止液体从肛门旁侧喷出。

（5）腹部按摩　对腹部进行按摩，促进粪便软化、碎裂，之后让动物在容易清洁的小范围区域内随意活动。

（6）重复灌注　如果动物活动后未见排便或排便很少，则重复灌肠和腹部按摩步骤，直至大部分粪便被排出。必要时可进行直肠检查或拍摄X线片，了解肠腔内还有多少粪便存留。

（7）进行清洁　肠内粪便基本排空后，对动物后躯进行清洗，并迅速擦干吹干；或视必要或医院条件，对动物全身洗澡并吹干。

2. 注意要点

（1）熟悉动物直肠和降结肠的解剖结构。

（2）对于便秘的患宠建议灌肠前后做 X 线检查，以确定治疗效果。

（3）灌肠后要告诉主人，1～2d 内可能会有水泻或黏液便。

十五、开塞露灌肠

适用于犬便秘的治疗。

1. 操作流程

所需物品：开塞露、润滑剂、乳胶手套等。

（1）患犬保定　患犬站立，抬高后躯呈较高位置，必要时给予镇静。

（2）挤开塞露　在开塞露瓶口涂润滑剂，左右旋转插入肛门后全部挤入直肠内，并保持 10s 以上。

（3）腹部按摩　若腹部不紧张，可对后腹部进行按摩，有利于开塞露成分（甘油）逆行至结肠而获得充分润滑。

（4）观察排便　随后将犬带到室外牵遛，当犬出现排便行为时，立即牵至适当位置。如果 15min 后未见排便，可进行第二次灌肠。

2. 注意要点

（1）给体弱年幼的宠物使用开塞露，温度不能过低，可适当加温后使用。

（2）灌肠后注意观察动物排便量、粪便性状、是否有寄生虫等。

（3）切记：禁止给猫使用开塞露，可能会引起剧烈的肠绞痛，导致休克或死亡。

十六、打开安瓿瓶

适用于液体剂型药品注射前准备。

1. 操作流程（图 2-5）

所需物品：安瓿瓶、砂轮。

（1）确认药品 检查药盒上药物标签上的有效日期和名字是否正确。

（2）安瓿划痕 取出药品安瓿瓶，用砂轮在瓶身凹陷处划痕 2～3 次。

（3）掰掉头端 一只手拿着安瓿瓶下部，另一只手捏住安瓿瓶头端，保持刮痕朝上，双手向下用力，即可掰掉头端，打开安瓿。

（4）抽取药液 按照处方剂量，抽取药液。多余的药物倒入医疗废水处理器中。

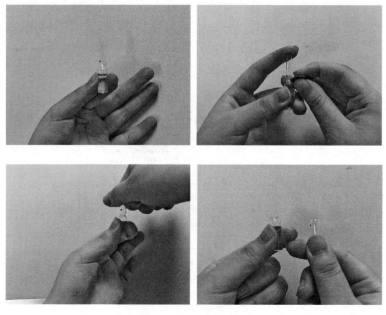

图 2-5 打开安瓿瓶

2. 注意要点

一定要用砂轮在瓶身凹陷处划动，确保掰掉安瓿瓶头端时的安全。

十七、粉剂配药

适用于粉针剂药品注射前的准备。

1. 操作流程（图 2-6）

所需物品：开瓶器、注射器、生理盐水或无菌水等。

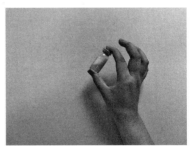

图 2-6　粉剂药物配制

（1）确认溶解用水　确认粉针剂的溶解要求，用生理盐水还是无菌水，以及溶解后的保存方式。

（2）了解溶解用水用量　根据处方要求或医嘱，或参看药品说明书，抽取规定剂量的溶解用水，注入粉针瓶内。

（3）摇匀后标记 摇晃药瓶使药粉充分溶解，用记号笔在瓶身上注明配制日期和配制剂量，放入规定的地方保存。

（4）抽取药液 按照处方要求，抽取适量药液。

2. 注意要点

（1）对于能够放置一定时间不影响药效、不易污染的药物，配制后应保存在 2~8℃冷藏。

（2）对于现配现用或数小时后药效便易降低的药物，配制后要立即使用，剩余药液再次使用必须确认有无失效，失效药物按医疗废物处理。

十八、水剂配药

适用于药房助理按医师处方进行给药前的准备。

1. 操作流程

所需物品：注射器、肾形盘、75％酒精棉球。

（1）接到处方签，核查患病动物的信息。

（2）观看处方签，按照自上而下、由左至右的顺序，将所需药品依次找出。

（3）查对剂量，选择适宜规格的注射器，将安瓿瓶打开，抽出药液，需要溶解的粉针按药品说明书进行溶解，并按处方要求抽取剂量。

（4）根据医生用药要求把处方中所列药物抽取完毕后，再一一与处方签核对，确认没有任何问题后，配药人员签名。

（5）填写《治疗用药登记表》，将配好的药物和登记表一起交给操作助理。

2. 注意要点

（1）处方签内容包括：宠主姓名和宠物的名字、种类、性别、年龄、体重、病例号、开方日期、兽医师签字等。

（2）要求"三查七对"：三查是指操作前查、操作中查、操作后查。七对是指查对姓名、查对品种、查对药名、查对剂量、查对浓度、查对用法、查对时间。

十九、皮下注射

皮下注射是疫苗注射及常用的治疗给药途径之一。

1. 操作流程

所需物品：注射器、75％酒精棉球、肾形盘。

（1）动物保定

① 犬：幼犬可采用怀抱保定法；成年犬站立于地面或诊疗台上，同时佩戴伊丽莎白圈或行扎口或嘴套保定，必要时可用犬笼保定。

② 猫：佩戴伊丽莎白圈，可采用徒手、毛巾或猫袋保定。

（2）选择部位

① 颈背侧皮下。

② 胸腹侧背中线旁 2～3cm 皮下。

图 2-2
皮下注射操作
（扫码观看）

（3）注射方法　左手三指分开注射处被毛，并捏起一块皮肤皱褶；右手用酒精棉球擦拭被毛下皮肤后，接着持注射器使针尖在左手拇指下，以逆毛方向（朝向头侧）且与皮肤呈 35°～45°角刺入皮下（针尖指向食指与中指之间的皮肤皱褶）（视频 2-2）。

（4）按摩局部　为防止注射时引起疼痛，

注射时可用左手无名指和小指轻挠注射部位以缓解疼痛。注射完毕，拔出针头，轻轻按摩注射部位，利于药液的扩散和吸收。

2. 注意要点

（1）皮下注射是将药物注入皮下结缔组织内，经毛细血管和淋巴管吸收后进入血液循环。

（2）皮下有脂肪层，吸收速度较慢，一般在注射后 5～10min 才呈现药效。

（3）皮下注射要求药物为等渗、无刺激性，如生理盐水、复方盐水和疫（菌）苗、血清等。

（4）进针后回抽注射器，确定无血液和空气后，轻轻推注液体至皮下。

（5）如有液体或者空气进入注射器，必须重新进针。

（6）选择颈背侧皮下注射，此处皮肤敏感性较低。选择胸腹两侧皮下注射，此处皮肤敏感性较高。

二十、肌内注射

肌内注射是常用的治疗给药途径之一。

1. 操作流程

所需物品：注射器、75％消精棉球、肾形盘。

（1）动物保定

① 犬：幼犬可采用怀抱保定法；成年犬站立于地面或诊疗台上，同时佩戴伊丽莎白圈或行扎口或嘴套保定，必要时可用犬笼保定。

② 猫：佩戴伊丽莎白圈，可采用徒手、毛巾或猫袋保定。

（2）选择部位（图 2-7）

① 选背腰最长肌：在第 13 肋骨和髂骨嵴之间选择注射点，

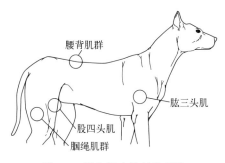

图 2-7　适宜肌内注射的部位

触摸背侧棘突、正中线旁 2～3cm 处。

②选腘绳肌群（半腱肌-半膜肌）：一手大拇指放在股后侧肌沟内，另一手持注射器，注意针头刺入股骨后方，针尖应朝向尾侧。

③选股四头肌：一手大拇指放在股骨外侧，另一手持注射器，注意针头刺入股骨前方，针尖应朝向头侧。

④选肱三头肌：一手四指放于肱三头肌内侧、拇指放于外侧，另一手持注射器，注意针头垂直刺入肌肉（图 2-8）。

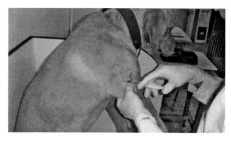

图 2-8　前肢肱三头肌肌内注射

（3）注射方法　左手指分开注射处被毛，并稳住注射部位；右手用酒精棉球涂擦消毒后，接着持针以针尖与动物皮肤呈 45°～90°角刺入皮肤约 2cm 深度。

（4）按摩局部 注射完毕，拔出针头，轻轻按摩注射部位。

2. 注意要点

（1）肌肉内血管丰富，药液吸收较快，并且肌肉内感觉神经较皮下少，故注射刺激性略强的药液时疼痛较轻。

（2）肌内注射区域较多，如前肢肱三头肌，或后肢半腱肌和半膜肌，或股四头肌和背侧腰肌，均适合对犬肌内注射，而股四头肌和背侧腰肌适合对猫肌内注射。

（3）需要注意，进入针头后需回抽看有无血液，若回抽出血液应另换注射点注射。

（4）如药物说明书标注须深部肌内注射时，一般均是指刺激性较大的药液，这种药液绝对不可进行皮下或浅表肌内注射，否则会造成注射部位皮肤坏死和脱落。

（5）肌注最大容量：猫 2mL，犬 3～5mL。

二十一、口服给药

适用于无法与食物混合饲喂药物的单独投服。

1. 操作流程

所需物品：药物、投药器（或组织钳）、无针头注射器（装 2～5mL 水）。

（1）动物保定 参看犬的台面保定或站立保定，限制犬只自由行动。

（2）打开口腔 左手拇指和食指分别放在动物两侧嘴角，将上唇向口腔内压入使其张口，用中指和无名指抵压嘴角协助开口，并适当抬高头部。

（3）投药技巧

① 温顺犬：右手拇指和食指夹持药片，从齿间插入口腔直

抵硬腭，将药片送至咽的深部后迅速将手抽出，合上口腔，按摩咽喉食道，使其吞咽，当动物用舌舔鼻，表明已将药片咽下。

② 非温顺犬：左手按①所述方法打开口腔，右手将药片经唇侧送入口腔深部，迅速合上口腔。

③ 暴躁犬：可由主人按①所述方法打开口腔，投药者用投药器（或组织钳）夹持药片送至舌根部，然后让主人迅速合上口腔。也可给犬戴上大一号嘴套，投药者将药片从门齿间送入。

视频 2-3
口服给药操作
（扫码观看）

（4）给予饮水　将药片投入口腔后，可用一次性注射器经嘴角注入少量水，以促进动物吞咽（视频 2-3）。如果投服水剂药物，以同样方法，用一次性注射器经嘴角将药液注入口腔。

（5）清洁嘴角　投药、喂水后，如有水从嘴角流出，应当用纸巾把动物嘴角和唇部擦干净。

2. 注意要点

（1）猫对苦味相当敏感，最好将药片粉碎后用胶囊包裹。

（2）对猫咪徒手喂药难度较高，可用器械协助喂药，以避免造成损伤。

（3）对于挣扎严重的动物，不要强制喂药，尤其是液体药物，慎防呛进气管，引起异物性肺炎。

（4）人工喂药前可先尝试将药物用食物包裹后让动物自行采食，若失败再实施。

二十二、雾化给药

雾化给药是治疗呼吸道疾病常用的有效给药途径之一。

1. 操作流程

所需用品：雾化器（含雾化管）、雾化罩或雾化箱、药液、水等。

（1）取药配药　取出处方笺标明雾化治疗的药液名称，按剂量备好。

（2）加水加药　给雾化器水箱中加水，确定水位在刻度线以下，另将备好的药液加入雾化器药品杯中，盖好药品杯的盖子。

（3）准备雾化　给动物戴上雾化罩或放入雾化箱，连接好雾化管，调节雾量大小和时间，打开电源，雾化开始。

（4）雾化结束　雾化停止后，将雾化罩摘下或从雾化箱取出动物，对雾化箱取出的动物要擦干体表水分或用热吹风机吹干。

（5）收拾仪器　将雾化器水箱中的水倒掉，清洗药品杯，消毒雾化管、雾化罩或雾化箱，放在收放位置晾干。

2. 注意要点

（1）超声波雾化器　是通过电子振荡电路，由晶片产生超声波，通过介质水作用于药杯，使杯中的水溶性药物变成极其微小的雾粒，并经波纹管及面罩送入宠物鼻腔和呼吸道直达肺泡，直接对病灶发挥消炎、解痉、祛痰等治疗作用。

（2）雾化器功能　设有 $0\sim60\text{min}$ 定时装置，还有空气过滤、雾化量与风量调节旋钮等，有利于根据治疗需要进行调节。

（3）常用治疗药物　有抗菌药、抗病毒药、糖皮质激素、祛痰止咳剂等，一般按常规肌注剂量加入蒸馏水 $10\sim15\text{mL}$，雾化治疗 $10\sim15\text{min}$。

（4）有心血管问题、过度紧张或烦躁的动物禁止使用雾化箱，以免空间小引起潮气量增大，造成空间温度高和潮湿而导致中暑。

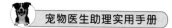

（5）雾化箱配备温度湿度计，能及时检测箱内情况，同时雾化过程中多留意动物情况。

二十三、体表给药

体表给药是针对福来恩、大宠爱等体外滴剂的使用。

1．操作流程

所而物品：乳胶手套、驱虫滴剂。

（1）动物站立保定，必要时佩戴伊丽莎白圈。

（2）戴乳胶手套，用力向下按压滴剂的管盖，刺透药管的密封处后移走管盖，准备给动物用药。

（3）确保动物毛发干燥，将动物颈背后肩胛骨前部的毛发分开，暴露皮肤。

（4）使药管的尖端直接接触动物皮肤，挤压药管将整管药液挤到皮肤上。

（5）用药后 2h 内不能触碰用药位置，不需按摩用药部位，避免药物损耗。

2．注意要点

（1）猫在用药部位或周围可能出现一过性的炎性或非炎性脱毛，这可能是由于动物自己梳理造成的。

（2）对于生病、虚弱或体重过轻的动物应小心使用，可能有较大的应激反应。

（3）勿将药液用于破损皮肤。

（4）若同一室内有多只动物，要防止动物互舔药液。

二十四、放置留置针

放置留置针给药是静脉给药及输液的主要途径。

1. 操作流程（视频 2-4）

所需物品：留置针、肝素帽、乳胶管、透气胶布、弹性绷带、2mL 注射器、稀释的肝素溶液、75％酒精棉、剃毛剪。

（1）动物保定　参照头静脉采血操作中的保定方法对动物进行保定。

视频 2-4

（2）皮肤消毒　埋置留置针的部位剃毛，结扎或按压静脉近心端使血管充盈、隆起，使用 75％酒精棉消毒穿刺部位。

放置留置针操作
（扫码观看）

（3）静脉进针

① 撕开包装和去除针套，保持针芯斜面向上，右手以拇指和食指捏紧留置导管护翼，将针头与皮肤呈 15°～30°角穿刺，看见回血后降低角度，将留置导管再推进 0.2cm，右手拇指和中指、无名指固定针芯末端，食指将留置针套管部分推入静脉内。

② 以左手拇指和食指固定留置导管护翼，解除压脉带，右手完全抽出针芯（此时助手可协助性压着留置针孔上部血管，防止血液流出）。

（4）固定封管

① 在留置导管末端旋上肝素帽。

② 用一条医用纸胶带将留置导管简单固定于肢体上，在针口皮肤处覆盖一层薄薄的干的酒精棉块，然后继续环绕胶带将留置导管与肢体可靠固定，最后用自粘绷带缠绕固定。

③ 向肝素帽内注入 0.5mL 稀释的肝素液，以边推注边退针的方式进行封管。

2. 注意要点

（1）静脉留置针又称为套管针，由针芯、外套管、针柄及肝素帽等组成。静脉留置针外套管柔软无刺激性，与血管相融性好，能在血管内停留 3～5d 时间。

（2）使用静脉留置针输液，可减少每天穿刺进针给患病宠物带来的痛苦，避免宠物因骚动造成针头滑出血管引起注射部位肿胀，并且可在肢体上保留 3～5d，为持续治疗给药提供极大的方便。对于麻醉和手术病例使用静脉留置针，可以保持畅通的静脉通道，有利于在宠物紧急情况时快速给药抢救。

（3）如果立即输液，把备好的输液器头皮针刺入肝素帽内即可，输液完毕向肝素帽内注入 0.5mL 稀释的肝素液封管。再次输液时，用 75% 酒精棉消毒肝素帽，使用一次性注射器先回抽检查有无堵塞，再向肝素帽内推注适量生理盐水，以检查留置导管是否通畅。如能将生理盐水推入血管，即可将输液器头皮针刺入肝素帽内再次输液；如发现留置导管阻塞不通，可吸取少量稀释的肝素液冲洗后尝试再次输液。如果仍不成功，应更换留置导管或使用普通输液器头皮针进行输液。

二十五、使用输液器

适用于输入大量液体或创伤冲洗等。

1. 操作流程

所需物品：输液器、输液袋（瓶）、输液泵、透气胶带。

（1）准备输液袋（瓶）　配制好输液袋（瓶）中的液体，挂于输液架上。

（2）调好输液器　打开一包输液器，关闭止液夹，提起输液器远端（头皮针端），将近端插瓶针插入输液袋（瓶）上的胶塞内，挤压液斗使液体进入液斗（又称球囊）（约占 2/3 容量），然后放低液斗，轻轻松开止液夹，使液体下流至充满输液器和头皮针管；确认没有气泡，再次关闭止液夹。

（3）使用输液泵（视频 2-5）　将输液管装入输液泵中，设置好输液参数，待用。

视频 2-5
输液器使用
（扫码观看）

（4）开始输液　将针头刺入留置针肝素帽内，用胶带固定，打开止液夹和输液泵，开始输液。

2. 注意要点

（1）在手调输液器时，在放低液斗（使液斗自然下垂）后，务必慢慢松开止液夹，在保持液斗内液体占 1/2～2/3 容量的前提下，使得液体下流至充满输液器和头皮针管。

（2）如果快速松开止液夹，液斗内及输液袋（瓶）中的液体将快速流出，并造成整条输液管和液斗内充斥空气，很容易造成动物血管内气体栓塞而导致死亡。

（3）注意输液泵卡槽内放置的是输液器球囊以下的部分。

（4）若动物活动范围较大或输液器较短，可适当增加延长管，注意彼此接口必须拧紧，且输液过程中不定时检查输液管的完整性，防止漏液。

二十六、皮下补液

适用于无法选择静脉通道时或作为少量补液的途径。

1. 操作流程

所需物品：注射器、静脉输液针、75％酒精棉球。

（1）准备液体　将待补的液体和静脉输液器及头皮针连接，

排出管内空气备用。

（2）动物保定　动物取俯卧姿势保定。

（3）输入液体　提起动物颈部或背部皮肤，涂擦 75％酒精后，把头皮针刺入皮下（图 2-9），另用小夹子或胶布将它固定于附近被毛或皮肤上。

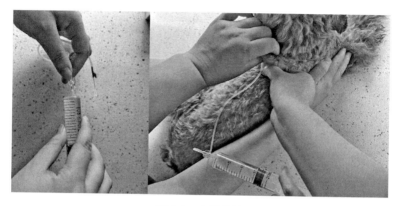

图 2-9　皮下补液

（4）输液完成　直接拔出针头，局部皮肤消毒。

2. 注意要点

（1）皮下输液是指将一定剂量的药液直接输入皮下，通过皮下的毛细血管吸收，达到治疗目的。是心肺功能异常或体型较小的宠物，或无法进行静脉输液、静脉输液未达到所需液体量时可选择的输液方法。

（2）皮下输液的液体必须是低刺激性，通常为生理盐水或乳酸钠生理盐水，皮下补液每个点最大容量 30～60mL。

二十七、免疫接种

适用于对健康动物进行疫苗注射。

1. 操作流程

所需物品：犬猫疫苗、注射器、75%酒精棉球。

（1）客户沟通　观察或询问客户的宠物品种、购买或饲养时间、宠物年龄和家里是否还有其他宠物及数量，以前有无接种疫苗或已接种疫苗的名称和次数。告知目前适宜接种的疫苗种类、免疫程序和价格，并向客户详细介绍常见传染病的危害和完成免疫程序的必要性，为客户选择疫苗提供理论指导。同时告知客户，接种疫苗后有少数动物可能会发生过敏反应，医院有相应的脱敏办法，且目前暂无法进行过敏试验，由客户作出选择。

（2）驱虫指导　在客户选择疫苗种类后，应对客户进行体内外驱虫教育，向客户推荐适宜的驱虫药，并告知如何正确使用驱虫药。

（3）临床检查　询问宠物的精神、食欲状况，测体温、体重，检查眼、口腔、鼻端、皮肤等处有无异常，听诊心音、心率和胃肠蠕动音，触诊体表淋巴结和腹部有无异常。

（4）注射疫苗　从冰箱中取出客户选择的疫苗后，按疫苗配制要求进行溶解和抽吸，待恢复至室温后再行注射，注射途径遵照疫苗厂家指导。

（5）过敏观察　给宠物注射疫苗后，告知主人暂留医院观察 10min，如无任何异常再行离开。如果宠物出现体温升高、呼吸紧迫、头部或全身浮肿等过敏反应，应立即通知医师采取脱敏措施，通常取扑尔敏、地塞米松或肾上腺素 0.5～1mL 皮下注射。

2. 注意要点

（1）接种疫苗使用最多的是 2mL 注射器，对注射部位消毒后要等酒精挥发即皮肤干燥后再行注射，以免酒精残留影响疫苗效果。

（2）需要告知客户，给宠物接种疫苗 1～2d 内，少数宠物可能会出现精神不振或食欲减退，应让客户密切观察。如此种现象持续时间超过 2d，需尽快带至医院检查和治疗，并应在接种疫苗告知书里注明。此外，接种疫苗后 1 周内不可给宠物洗澡，防止感冒发热影响接种效果。

（3）部分宠物在接种疫苗前已感染了某种病毒，当接种疫苗后数天（传染病潜伏期）即发病，逐渐表现出某种传染病的症状特征。此种可能性也必须在接种疫苗前和客户交代清楚，防范纠纷出现。

第二节　宠物常见疾病护理

一、口腔清洁

适用于动物口腔的护理。

1．操作流程

（1）口腔日常保健　所需物品有牙膏、牙刷、纱布卷、漱口水、洁牙棒。

① 牙膏牙刷：使用正规厂家的、可以食用的动物专用牙膏套装。先用手指喂食少许宠物专用牙膏，以让犬猫习惯并喜欢其味道，再使用指套让犬猫适应刷牙的感觉。待犬猫适应指套后，可正式使用宠物专用牙刷。建议先从侧面牙开始，将动物的嘴唇翻开，右手持涂上牙膏的牙刷与牙齿牙龈交界面呈 45°，圆圈状轻柔刷洗，先刷上面的牙齿再刷下面的牙齿，直到一侧牙齿全刷

完，再刷另一侧牙齿，最后刷前面的门齿（图 2-10）。

② 纱布卷：将纱布卷缠绕在手指上，再沾水压紧实，使纱布固定在手指头上，涂上牙膏，按①中的方法使用。这种方法效果不如牙刷好，但对于一些嘴巴比较小牙刷不好进入的动物，是个不错的选择。

③ 漱口水：动物专用漱口水，可以按说明用一定量水稀释后使用，再让动物自由饮水。

④ 洁牙棒：动物通过咀嚼、摩擦洁牙棒，将牙齿上的牙菌斑和牙结石消除，同时具有抑制口腔细菌、抑制牙菌斑和预防口臭的作用。长期使用可以有效去除牙菌斑、牙结石，减少口臭。

图 2-10　口腔清洁操作

（2）病理口腔清洁

所需物品：超声波洗牙机、生理盐水、甲硝唑注射液等。

① 洁牙：当口腔出现问题时，需要做超声波洁牙，将牙齿内外侧的牙结石除去，创造一个好的口腔环境，然后对病理牙齿进行治疗。

② 漱口：患有牙龈炎或口腔溃疡的宠物，为防止食物残渣在口腔内滋生细菌，应在饭后用药物漱口，一般直接用生理盐水或甲硝唑注射液往口腔里灌洗，洗后擦干口鼻部即可。

2. 注意要点

（1）人用牙膏通常添加有氟化物和发泡剂，这些成分可能引起动物中毒。

（2）人的漱口水不可饮用，也会引起中毒。

（3）洁牙后半小时内禁食。

二、超声波洁牙

适用于对牙结石、齿龈炎等的治疗。

1. 操作流程

所需物品：洗牙机、蒸馏水瓶（500mL）、麻醉机、心电监护仪、听诊器、开口器、留置针。

（1）动物麻醉　可用丙泊酚进行诱导，按 5～6mg/kg 剂量，静脉缓慢推注，然后进行气管插管，接麻醉机，异氟烷维持麻醉。

（2）洗牙步骤

① 在动物喉头深处放置一大块纱布，以防液体、牙结石逆行进入气管、食道；

② 选择恰当的工作头，并确定工作头完全锁紧；

③ 踩下脚踏开关，维持几秒钟，待看见水流自工作头喷出，方能开始洗牙；

④ 将工作头靠近牙面，保持 15°角为宜，使用脚踏开关控制和调节水流及超声能量；

⑤ 用洗牙机将牙菌斑、牙垢清洁干净，并抛光；

⑥ 将全部牙面洁净后，关闭洗牙机和麻醉机，移除咽喉深部填塞的纱布块，用纱布将口腔牙石碎屑等擦除干净；

⑦ 待动物有明显咳嗽反应时，移除气管插管。

（3）清洁面部　将口腔两侧打湿的被毛梳理好，吹干。

（4）清洁机器　将动物转移出去后，将清洁洗牙机放通风干燥处。

2. 注意要点

（1）洗牙前要确保洗牙机功能正常，能够正常运行。

（2）洗牙过程中，禁止工作头在同一部位停留时间过长。

（3）洗牙必须使用纯水或蒸馏水，有利于延长机器寿命。

（4）脚踏开关连接好后，踏板应固定在使用者容易踩踏的地方，同时避免绊倒使用者。

三、挤肛门腺

适用于犬只日常保健和肛门腺炎、脓肿等的治疗。

1. 操作流程

所需物品：卫生纸、手套、耳漂、红霉素软膏、乳胶手套等。

（1）确认位置　肛门腺位于肛门旁侧约 4 点和 8 点位置。

（2）挤肛门腺　用戴手套的手指触摸肛门腺，食指伸入肛门内，拇指在外压住肛门腺囊外壁，两指适度用力挤出内容物（图 2-11）。

（3）防止污染　两指挤压前，另一手须用卫生纸遮盖肛门，以防肛门腺内容物喷射出来造成污染。

（4）清洗肛周　用耳漂滴在卫生纸上擦拭肛门周围完成清洁。挤完后，对肛门部位涂抹红霉素软膏。

2. 注意要点

（1）肛门腺发炎后，局部会有红、肿、热、痛反应，甚至流出恶臭的黏脓性分泌物。

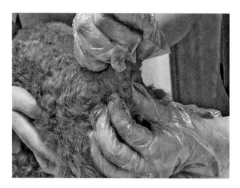

图 2-11　挤肛门腺操作

（2）发现肛门腺发炎或皮肤发红发紫等异常，应及时告知医师，由医师决定如何进一步处理。

四、导尿管护理

适用于公、母犬留置导尿管的护理。

1. 操作流程

所需物品：导尿管、乳胶手套、红霉素软膏、苯扎溴铵溶液、碘伏、伊丽莎白圈等。

（1）检查导尿管有无扭曲、脱出，导尿是否通畅。

（2）当贮尿袋中尿满时，及时倾倒，并记录尿量。

（3）观察尿液颜色、性状，按医嘱做好记录。

（4）每天用抗生素生理盐水经膀胱或尿道手术留置的导尿管冲洗膀胱和尿道，并用新洁尔灭 1∶50 稀释后清洗尿道口，后用碘伏（或可用于黏膜消毒的商品化消毒液）消毒。

（5）了解每天的体温，使用 B 超观察膀胱影像，判断膀胱和尿道的炎症情况。

2. 注意要点

（1）注意导尿管脱出后，应根据医嘱评估是否需要重新放置。

（2）导尿管堵塞可引起急性尿潴留，应当尽快疏通。

（3）如果尿路炎症加剧，动物可能会出现发热和食欲减退等症状。

第三章

宠物医院管理

第一节　手术管理

一、器械灭菌

适用于手术前器械和创巾布等的无菌准备。

1. 操作流程

所需物品：器械包布、创巾布、器械、止血纱布块、胶带卷、压力灭菌器。

（1）粘除被毛　将已洗净、干燥的创巾布铺在干净无毛的桌面上，检查创巾布，如果粘有动物被毛，则用胶带卷将被毛粘取除去。

（2）挑选器械　挑选手术需要的器械和数量进行包裹，具体名称和数量按手术室规定。如果暂无规定，常规腹腔手术必备器械有：4♯刀柄×1、14cm 持针钳×2、14cm 止血钳×4（弯、直各两把）、14cm 组织钳×2、手术剪×2（尖、圆各一把）、12cm 手术镊×2（有齿、无齿各一把）、9cm 巾钳×4，另备 10 块止血纱布。

（3）包裹器械　将包布沿对角线放置在桌面上，先把创巾布放在包布内，再将手术器械和纱布块放在创巾布上，①用胶带卷粘除器械包布上的被毛；②器械按同类排列、放灭菌指示卡；③器械包裹：先近后远折叠、先左后右折叠、右边先绕后叠，最后用第2块包布包裹。贴灭菌指示带并标注灭菌日期。

（4）消毒器械　检查和调好高压灭菌器内的水位，将器械包放入内桶，按高压灭菌器说明盖好盖子并拧紧，然后进行灭菌操作。图3-1为灭菌锅操作。

2. 注意要点

（1）灭菌物品，按照使用顺序，先用的耗材或器械后放在灭菌筐里。

（2）压力蒸汽灭菌器的工作原理：压力蒸汽灭菌是利用水蒸气在超过大气压力下形成高温而增加杀菌能力和速度的方法，特别适用于耐热耐湿手术器械和敷料、创巾、工作服等棉织品的灭菌，是宠物医院手术器械和辅料最可靠的灭菌技术之一。

（3）压力蒸汽灭菌器根据工艺分为下排气式和预真空式两大类：

① 手提式压力蒸汽灭菌器：属于下排气式压力蒸汽灭菌器，利用重力置换原理使热蒸汽在灭菌器内自上而下，将冷空气由下排气孔压出后并全部取代，利用蒸汽释放的潜热使物品灭菌，灭菌温度121～126℃。

优点：价廉。缺点：需人工操作。

② 台式和立式压力蒸汽灭菌器：多为预真空式压力蒸汽灭菌器，即预先将容器内的空气一次或多次抽尽，使灭菌器内形成负压，有利于蒸汽迅速穿透到物品内部进行灭菌。灭菌温度通常为132～135℃，采用智能化自动控制程序，自行调节消毒时间，自行完成灭菌、排气和干燥，灭菌结束后蜂鸣器提醒，自动停止

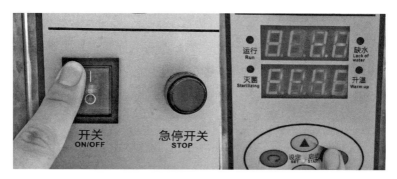

图 3-1　灭菌锅操作

加热，具备压力安全联锁装置、超温超压自动保护装置等。

优点：全自动智能化。缺点：价格稍高。

二、皮肤黏膜消毒

适用于手术病例皮肤的无菌准备。

1. 操作流程

所需物品：碘酊或碘伏、酒精、洗手消毒液（含葡萄糖酸洗必泰）、止血钳、辅料镊、棉球、棉签等。

（1）皮肤消毒（图 3-2）

① 术部清洁：对无菌准备区域先行剃毛，范围视手术解剖部位而有区别，如眼部手术离睑缘 3～5cm，胸腹部手术离创缘 10～15cm，四肢手术沿肢体将被毛全部剃净，并含上下两个关节；然后使用某种抗菌液按说明书进行擦拭，再用清洁毛巾或纸巾擦干。也可采用传统方法，视局部污染程度使用肥皂和清水将皮肤清洗干净。

② 术部消毒：按照无菌创由内向外、感染创由外向内的方向，可用抗菌液顺序擦拭，然后用无菌巾擦干。也可采用传统方法，即用碘酊或碘伏棉球，按上述擦拭方向顺序擦拭 3 遍，然后使用酒精棉球擦拭 2 遍对碘酊脱碘（碘伏不用脱碘），并注意将消毒范围边缘着色的碘酊或碘伏擦净。

（2）黏膜消毒　口腔黏膜和阴道黏膜表面通常都会有菌存在，应视手术范围，可用 0.05％～0.1％苯扎溴铵或碘伏溶液，采取冲洗或涂擦方式对术部及其周围消毒。如口腔拔牙手术，亦可选择甲硝唑冲洗口腔黏膜。

（3）眼科消毒　属于特殊部位的消毒，与其他部位有所区别。

① 术部剃毛：剃除术部周围 2～3cm 范围的被毛（即眼睑皮肤），剃毛前须用眼膏涂抹在角膜上，以提供保护。

② 眼睑消毒：清除眼睑上的毛屑和油脂后，自眼睑线开始，以由内向外画同心圆方式，用浸有聚维酮碘溶液的棉签对眼睑皮肤擦拭消毒。

③ 结膜囊清洗：用灭菌生理盐水清洗结膜囊，同时用灭菌棉签对结膜穹窿及瞬膜球侧进行重点清洗。

④ 结膜囊消毒：用生理盐水将5％聚维酮碘原液稀释20倍，然后用于结膜囊的冲洗消毒，总用量40 mL；或用5％聚维酸碘原液1mL直接滴在结膜囊内保留10s，然后用50mL左右的生理盐水将结膜囊冲洗干净。

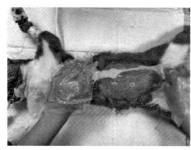

图3-2 皮肤消毒

2. 注意要点

（1）洗必泰具有相当强的广谱抑菌、杀菌作用，是一种良好的杀菌消毒药，对革兰氏阳性、阴性菌的抗菌作用比新洁尔灭强，即使在有血清、血液等存在时仍有效。

（2）对幼犬、幼猫的皮肤进行消毒，一般选用碘伏而不用碘酊，以降低对皮肤的刺激性。

（3）对于被毛和皮肤不洁的动物的择期手术，可让主人于手术前一天给其洗澡，以达到最佳清洁要求。

（4）为预防感染，绝大多数手术前，建议全身肌内注射或静脉注射给以抗生素。

三、气管插管

适用于各个品种的犬猫。

1. 操作流程

所需物品：气管插管、纱布条、喉镜、注射器等。

（1）选择插管　初学者可按照气管插管选用参考表，也可通过触及喉气管环直径或用 DR 测量气管直径的方式，选出 3 个相临近的气管插管型号，然后用注射器通过注气接头向套囊注入适量空气，放置 5min 观察密闭性，如不漏气便可使用。接着在动物体侧量取插管外端到肩胛骨前角之间的距离，读取口腔后缘的插管刻度，此为气管插入深度的标记，选 3 个插管之中间型号绑上纱布条。

（2）诱导麻醉　选用适当的药物如乙酰丙嗪、丙泊酚、舒泰50 等对动物进行诱导麻醉，观察动物进入镇静、肌松状态，助手左、右手分别握住上、下颌开张口腔且无张力为好。

（3）动物保定　确认动物端正趴卧（即俯卧）于手术台上，助手将动物头部抬起，使下颌与颈部成一直线，以左、右手分别握住上、下颌打开口腔。

（4）插入插管（图 3-3）　助手打开动物口腔后，麻醉师左手将动物舌头拉出，右手用长度恰当的喉镜片前端压住舌根和会厌软骨基部，露出声门，然后将喉镜把柄移给左手，腾出右手在直视情况下把气管插管轻轻地经声门插进气管，深度达肩关节位置即可。

图 3-3　气管插管操作

（5）摆正姿势　麻醉师和助手配合，迅速将动物摆放成实施手术所需要的侧卧或仰卧等姿势。

（6）套囊充气　麻醉师用注射器向气管插管套囊注入空气封闭插管周围，此过程需要助手配合：助手给麻醉机储气囊充气后关闭泄压阀，然后口数"1、2、3"挤压气囊；与此同时，麻醉师用 5mL 注射器给气管插管套囊缓慢注气，并靠近动物口鼻部气管插管旁，侧耳倾听有无"呲呲"的漏气声；如未听到便停止充气，如持续听到漏气声，就继续缓慢给套囊注气直到听不到漏气声。此过程一般需重复几次，直至麻醉师确认不漏气方可，否则需要更换较大规格的气管插管。

（7）连接设备　将气管插管与呼吸管路上的 Y 形接头连接，再将事先已捆绑在气管插管上的纱布条固定于动物上颌或后脑勺上，接着开始施行吸入麻醉。

2. 注意要点

（1）插入气管插管时，可能会伴有动物咳嗽动作，随后能在插管口发现有呼气气流。

（2）对猫实施气管插管时，常遇到喉头痉挛，一般需要使用喉部麻醉剂（2%利多卡因）喷雾，以避免对气管造成损伤和肿胀。

（3）实施气管插管时，可在套囊表面涂抹一层薄薄的水溶性润滑剂，以减轻插管对声门、气管的摩擦刺激。

（4）插入气管插管后，迅速对套囊充气，若感到注射器有轻微阻力时，停止注气。

（5）麻醉和手术完毕，将套囊内空气放掉，等待动物苏醒，当动物出现舌头蠕动、摇尾巴等动作，立即拔出插管。

四、氧气瓶使用管理

适用于宠物医院内氧气瓶的使用与管理。

1. 操作流程

（1）氧气瓶存放

① 氧气瓶必须竖立放置，放置要固定牢固，防止倾倒，要有安全管理制度，要有"严禁烟火"标志。

② 氧气瓶存放场所应有良好的通风，远离明火热源，防止阳光暴晒；如冬季瓶阀发生冻结应用热水解冻，禁用明火烘烤。

③ 氧气瓶存放场所不得堆放其他物品，严禁与一切油脂接触，禁止与易燃物品混放。

④ 氧气瓶禁止在空瓶时充装其他气体。

（2）氧气瓶使用

① 搬运氧气瓶时确保气瓶盖盖好，轻起轻放，避免碰撞摩

擦，可以徒手以稍倾斜角度滚动到指定地点。

② 使用前必须先检查软管与氧气减压器接口处是否紧密牢固，软管是否发生弯曲；氧气瓶应密封无泄漏，安全附件齐全有效。

③ 开启阀门时，手和专用工具不得沾有油污，不得敲击阀门，严禁超压使用，瓶阀应缓慢开启。

④ 使用氧气前，减压器低压表和高压表的指针均应在"0"位，减压器调压螺杆必须在减压阀门关闭的位置上。

⑤ 氧气瓶内气体禁止用尽，必须留有 0.5MPa 以上的剩余压力。

⑥ 禁止擅自更换氧气瓶瓶阀与密封圈，不得私自拉离存放位置。

2. 注意要点

（1）氧气瓶充满时的压力是 15MPa，一般充到 12MPa 左右。40L 氧气瓶充装压力达 15MPa 时，氧气量约为 $6m^3$（6000L）。

（2）瓶内氧气不得用尽，必须留有剩余压力不应小于 0.5MPa。如果留有压力太低或者瓶内氧气用尽，可直接导致空气中杂质进入气瓶，直接充装时可能会引起瓶体爆炸。

（3）减压器的作用是降低和维持氧气压力处于安全适合手术的水平，出厂设定数值在 0.4MPa 左右。

五、无呼吸机麻醉机的使用

适用于麻醉助理对此类麻醉机的准备和使用。

1. 操作流程

所需物品：麻醉机、螺纹管、储气囊、钠石灰、氧气瓶等。

（1）准备麻醉机

① 打开氧气瓶开关，观察证实至少约有半瓶（7MPa）氧气

量，然后关闭氧气瓶开关。

②给 CO_2 吸收器充装钠石灰，随后给蒸发器充装麻醉药，有的麻醉机配有专用充药适配器，可以安全便捷地完成充药过程。

③测试管路系统 测试管路系统的密闭性，关系到麻醉混合气体能否密闭地进入宠物气管，而不会泄漏到手术环境中。测试前将吸气、呼气螺纹管分别套在 CO_2 吸收器上的吸气和呼气接口上，关闭其上方的排气阀，堵住 Y 形接头，快速充氧使回路内压达到 $20cm\ H_2O$，至少观察 10s 不见压力下降，表明管路系统未发生泄漏。

（2）气管内插管 先用适宜的非吸入麻醉剂对犬、猫实施快速诱导麻醉，临床多用乙酰丙嗪、丙泊酚、舒泰 50、Alfaxalone 等药物，按照规定的剂量，经静脉留置针缓慢推注，观察动物进入镇静、肌松状态，助手左、右手分别握住上、下颌开张口腔且无张力，便可进行气管插管。

（3）调控麻醉机 动物体重或体格不同，呼吸管路的选择也不同。

① 3kg 体重以下宠物（如极小型犬、猫、鸽子等），须采用非密闭式呼吸半开放回路（Bain 型同轴回路），宠物由螺纹管中心内导管吸入新鲜共同气体，呼出气体经螺纹管外套管、排气阀排到外界空气中。因为对呼出气体未做处理和循环吸入，麻醉中的氧气流量须调节为 $200mL/(kg \cdot min)$，故麻醉剂和氧气的消耗量明显加大。

② 3kg 以上的宠物，均可采用密闭式呼吸循环回路，当宠物呼出气体中的 CO_2 被钠石灰吸收后，所含少量麻醉剂与新鲜共同气体混合后被循环吸入，所以能极大地节省新鲜气体（麻醉剂和氧气），并减少热量损失，麻醉前 5min 内调节氧气流量为 $60mL/(kg \cdot min)$，5min 后调节到 $30mL/(kg \cdot min)$ 即可。

③ 麻醉初期的异氟烷浓度由诱导麻醉深度而定，通常调节蒸发器浓度控制转盘的刻度在 $2\%\sim5\%$ 之间，当宠物进入平稳麻醉后一般稳定在 $2\%\sim3\%$ 维持麻醉。

（4）麻醉过程监护　主要使用六参数监护仪和血压计，前者一般含脉搏、血氧饱和度、血压、心电、呼吸频率、体温六个参数，后者依测定原理仅包含收缩压或包含收缩压、舒张压和平均动脉压。全面监测这些重要的生命指标，有利于随时掌握动物的生理改变，显著提高麻醉的安全性。

（5）拔除气管插管　手术即将结束，即可关闭麻醉气体，随后关闭氧气；等宠物逐渐苏醒、出现吞咽反射时，则迅速拔出气管插管。拔管时间应恰当掌握，如宠物吞咽和咀嚼反射尚未恢复，过早拔管有发生误吸、误咽或因喉头水肿发生窒息的危险；如宠物已清醒且肌张力恢复，拔管过晚容易引起宠物反抗和咬坏气管插管。

2. 注意要点

（1）麻醉机是实施吸入麻醉的必需设备，其功能是向宠物提供氧气、麻醉药品和进行呼吸管理，一般由高、低压系统（氧气瓶、减压阀、压力表、流量计），蒸发器（又称挥发罐），呼吸管路（螺纹管和 Y 形接头、呼吸活瓣、CO_2 吸收器、储气囊、排气阀等）构成。

（2）呼吸管路系统是指麻醉机上从共同气体出口至连接气管导管的 Y 形接头之间的所有部件。麻醉机通过管路系统向宠物提供麻醉混合气体，而宠物则通过此系统进行正常的 O_2 和 CO_2 交换。

（3）麻醉机通常配有 $2\sim3$ 个大小不同的储气囊（又称呼吸气囊），其作用是适当储存呼吸气体，随动物呼吸而起伏。过大的气囊随动物呼吸起伏不明显，过小的气囊容易过度充气造成肺损伤。为使储气囊能恰当地反映动物呼吸状态，麻醉前须根据动物体重和潮气量准确选择。动物潮气量一般为 10～15mL/kg，选择的储气囊容积应是潮气量的 5 倍。

（4）麻醉与手术期间的监护重点是麻醉深度、呼吸系统、心血管系统和体温等。一般通过观察宠物的眼睑反射、角膜反射、眼球位置、瞳孔大小和咬肌紧张度等，大致判断麻醉深度；通过观察宠物可视黏膜颜色及呼吸状态、检查毛细血管再充盈时间、听诊心率等，了解其心、肺功能。现代宠物医疗已使用脉氧仪、血压计和多参数生理监护仪等多种设备对麻醉和手术过程进行监护。

（5）麻醉监护的几个指标 犬血压：90～140/50～75mmHg；猫血压：90～150/60～100mmHg；犬心率：70～160 次/min；猫心率：120～240 次/min；犬呼吸频率：16～24 次/min；猫呼吸频率：20～24 次/min。

六、有呼吸机麻醉机的使用

适用于麻醉助理对此类麻醉机的准备和使用。

1. 操作流程

所需物品：麻醉机、螺纹管、储气囊、钠石灰、氧气瓶等。

（1）麻醉机准备

① 系统漏气检查：启动麻醉呼吸机，使机器正常工作，出气口连接气囊，形成密闭回路，观察风箱是否正常起伏；也可点燃打火机，用火苗围绕机器管道绕行一圈，如火苗无明显变化，则气密性良好；如火苗增大，则火苗增大的地方为漏气点。

② 氧气瓶压力检查：氧气压力出厂设定数值在 0.4MPa 左

右，估算剩余氧气能够满足手术需要，至少约有半瓶（7MPa）氧气量。

③ 麻醉药量检查：检查麻醉机蒸发器（挥发罐）内的麻醉药是否够手术用，即观察蒸发器旁的玻璃管，上面标有最小刻度和最大刻度，通常药剂量不少于玻璃管 1/2 高度能满足常规手术使用，如果药量不够便添加药剂。

④ 诱导麻醉前打开氧气瓶，启动麻醉机，麻醉剂用量调至刻度 5，使麻药充满回路，有利于动物上机后能够快速进入麻醉状态。

（2）气管插管　先用适宜的非吸入麻醉剂对犬、猫实施快速诱导麻醉，临床多用乙酰丙嗪、丙泊酚、舒泰 50、Alfaxalone 等药物，按照规定的剂量，经静脉留置针缓慢推注，观察动物进入镇静、肌松状态，助手左、右手分别握住上、下颌开张口腔且无张力，便可进行气管插管。

（3）调控麻醉机

① 调节麻醉机氧流量在 0.5～1 之间（基本不变），呼吸比例为 2∶1 或 1.5∶1（基本不变），调节呼吸频率为 15 次/min，调节潮气量为 10～15mL/kg，大型犬适当减小，小型犬适当加大，主要看胸部起伏幅度合适即可。如果麻醉过程正常，动物潮气量维持在正常范围内。

② 全紧闭麻醉方式，动物呼吸由呼吸机控制，动物呼吸频率与呼吸机风箱起伏同步；半紧闭麻醉方式，3kg 以下动物为半自主呼吸；半开放麻醉方式，动物自主呼吸。

（4）拔除气管插管　手术即将结束时，即可关闭麻醉气体，待手术结束便可关闭氧气；等宠物逐渐苏醒、出现吞咽反射时，则迅速拔出气管插管。拔管时间应恰当掌握，如宠物吞咽和咀嚼反射尚未恢复，过早拔管有发生误吸、误咽或因喉头水肿发生窒息的危险；如宠物已清醒且肌张力恢复，拔管过晚容易引起宠物反抗和咬坏气管插管。

2. 注意要点

（1）麻醉机通常配有 2 个大小不同的储气囊（又称呼吸气囊），其作用是适当储存呼吸气体，随动物呼吸而起伏。气囊偏大随动物呼吸起伏不明显，气囊偏小容易过度充气造成肺损伤。为使储气囊能恰当地反映动物呼吸状态，麻醉前须根据动物体重和潮气量准确选择。动物潮气量一般为 $10\sim15\text{mL/kg}$，选择的储气囊容积应是潮气量的 5 倍。

（2）当潮气量无法上调或风箱不起伏时，动物呼吸频率与机器不同步，常见问题是气管插管周围漏气或动物气管内液体积聚，前者可在动物口腔附近嗅闻到异氟烷气味，可通过更换大规格插管解决问题，后者需用真空吸引器抽出气管内液体。

（3）术中监护动物心跳快慢与心跳强度，注意动物呼吸频率与麻醉机风箱起伏是否一致，避免胸部起伏过大或过小，防止造成肺泡损伤或麻醉不全；同时观察可视黏膜颜色和瞳孔大小，如瞳孔扩散过大为麻醉过深，须调小麻醉剂用量。

（4）手术结束前视时间长短可提前关闭麻醉，继续供氧。手术结束后，分离插管和麻醉机连接，用注射器抽净插管套囊内气体，解开固定插管的纱布绷带，按压动物胸部数次以排出循环内的麻醉药，当动物出现自主呼吸时轻柔且迅速地拔出气管插管。

七、动物麻醉前管理

适用于手术病例的麻醉前管理。

1. 操作流程

（1）麻醉前检查　对需要实施麻醉的动物，应对其进行体格检查。麻醉风险与动物的健康状况或患病程度密切相关。所有手术动物应检查心率、心音、血压、血气、血常规、血液生化（了解肝肾功能）、肺功能等是否正常；对急救患宠应检查 PCV、血浆蛋白浓度、血气、血液生化、心电图、凝血时间和血小板数、血液电解质等项目，并视必要性进行 DR、B 超检查。完成如上检查后，麻醉师需要评估动物的身体状况，针对相关风险与主诊医师及动物主人进行沟通，既要消除主人对手术的恐惧，也要恰当地选择麻醉药物。

（2）麻醉前疼痛评估　充分理解疼痛机制、疼痛并发症、镇痛药特性，了解不同手术类型引起的疼痛程度及采用何种镇痛药。

（3）麻醉前应激评估　陌生环境和疼痛等因素可引起动物的应激反应，引起神经内分泌调节障碍、焦虑、疲劳、肌肉僵直、肌痛、异常行为等的变化，甚至在无疼痛刺激状态下，某些环境因素（噪声、保定）也会引起应激，并产生恐惧或焦虑感。因此，麻醉师在实施麻醉前要观察和评估动物应激因素，选择适宜药物预防疼痛及其引起的应激，并对麻醉过程和术后身体状况持续进行监控和评估。

（4）动物麻醉前准备

① 签麻醉协议：必须告知客户，实施麻醉给动物可能带来的风险，充分沟通后须让客户签订麻醉协议或麻醉告知书，让客户充分理解麻醉药可能引起过敏等副作用，在客户理解并同意的前提下实施麻醉。

② 麻醉前禁食：进行全身麻醉的动物，一般于术前 12h 禁食，但小型犬和猫术前 6h 禁食、麻醉前 2h 禁水即可。

③ 麻醉前输液治疗：动物机体能对一定程度的缺水、失血等情况进行代偿，但是术前补液能提高动物对缺水、失血等情况

的适应能力，极大地提高手术安全性和成功率。尤其许多老龄动物具有临床或亚临床肾功能障碍，在给予麻醉药物之前，需要输液以较好地维护肾的血流供应。脱水动物在术前更应进行输液并给予营养支持，维持机体水与电解质平衡。对于低血容量性休克或失血动物，麻醉前建立多个静脉通道，给予血浆或血浆扩容剂及晶体液，在达到血压稳定的状态下才能进行麻醉。麻醉期间进行输液，有利于维持动物充足的血容量和尿量，并能提供良好的给药途径。

④ 麻醉前吸氧：对于患有心力衰竭或心脏问题的动物，麻醉前和麻醉中的输液必须谨慎，要预防肺水肿的发生。麻醉会降低心输出量，影响氧循环，因此建议对心肺功能异常或较弱的动物在麻醉前适当给予吸氧治疗，能有效降低麻醉风险。而复合麻醉和联合用药，比单纯麻醉更为安全可靠。

⑤ 预防性抗生素：大型手术或感染手术前，全身性给予抗生素是预防感染的必要措施。

⑥ 气管插管：手术开始前，麻醉师应顺畅地进行诱导麻醉、气管插管、控制通气。在进行气管插管的过程中，需时刻观察动物肌肉松弛度、瞳孔扩张反应、呼吸、心率、血氧饱和度及有无缺氧（观察舌头颜色）。详见"气管插管"操作内容。

⑦ 动物姿势：麻醉动物的保定姿势需按手术需要，务必避免麻醉中对动物胸腹部的过度压迫、颈部锐角屈伸、四肢过度牵拉等，否则容易引起严重的并发症，包括缺氧、低血容量、神经或肌肉损伤、静脉回流受阻等。因此麻醉师要时刻观察动物舌头色泽或监护仪血氧饱和度和心率等的变化。

（5）麻醉剂和镇静剂选择　使用熟悉的麻醉药，会获得最大成功。只有具备麻醉药使用经验，才能灵活给药并获得有效性和安全性。不熟悉，从未使用过的药物可能会存在一定的麻醉风险。一般短小手术，常使用短效药物（如舒泰50或丙泊酚）或配合使用分离性麻醉剂、镇静剂等药物；如果需要实施长时间麻醉，优先使用吸入麻醉或平衡麻醉技术。详见"麻醉药使用与保管"。

（6）麻醉风险　不安全的麻醉和手术可能会导致动物死亡，麻醉师的给药经验对于麻醉安全是非常重要的。在麻醉风险中，人为操作失误为主要原因。每个病例的生理状态、麻醉风险和手术风险各有差异，大型手术和复杂手术比小型手术风险高；涉及要害器官如中枢神经、肝、肺、心脏等的手术，致命性更高，尤其紧急手术更具风险，因为自稳态失去平衡，且缺乏足够时间进行术前准备，导致麻醉风险增加。

手术风险排序：肝脏、肾脏、胃肠道、生殖器官、肌肉、骨、关节、皮肤手术。

如果发生了麻醉致死事件，应回顾围手术期的诊疗过程，分析和评估各个环节的异常，推荐进行尸检，寻找病理机制和病因，积累麻醉相关经验，避免再次发生类似事件。

2. 注意要点

（1）全身麻醉的目的是使动物的意识和手术引起的疼痛暂时性丧失，为手术安全提供便利。由于给予麻醉药后，动物处于无意识状态，动物的自我调节功能受到抑制，这是麻醉风险产生的原因之一。临床通过麻醉监护，获得安全有效的麻醉过程。

（2）疼痛和应激使动物交感神经兴奋性增强，引起心率和动脉血压增加、被毛竖立、瞳孔扩大等，肾上腺髓质分泌儿茶酚胺增多和节后交感神经终端释放去甲肾上腺素，从而导致动物生理和行为发生一些改变。

（3）气管插管的操作参看"气管插管"。

（4）麻醉剂和镇静剂的选择参看"麻醉药使用与保管"。

第二节 库房管理

一、麻醉药使用与保管

适用于对麻醉药的使用管理。

1. 操作流程

（1）麻醉药的使用 麻醉药分全身麻醉药和局部麻醉药两种。全身麻醉药可由浅至深地抑制大脑皮质，使动物意识和疼痛短暂地消失。局部麻醉药降低神经细胞膜对钠离子的通透性，阻断神经冲动的传导，起局部麻醉作用。常用的全身镇静、镇痛、麻醉药有如下几种。

① 多咪静：美国硕腾公司产品，一种 α_2-肾上腺素受体激动剂，化学名称为右美托咪定，主要用于犬猫的镇静和止痛，对 16 周龄以上犬和 12 周龄以上猫安全有效，适用于临床检查、小手术或牙科治疗等，也常作为犬猫吸入麻醉时的前驱麻醉剂，或与其他麻醉剂配合用于各类短时或长时手术。一般采取静脉或肌内注射给药，猫肌内注射剂量为 $40\mu g/kg$，犬使用剂量按体重有不同要求。

② 舒泰 50：法国维克公司产品，由唑拉西泮（安定药）和替来他明（镇痛药）按 1：1 混合而成，各为 125mg，总量 250mg。用该产品所配 5mL 灭菌液体溶解后，浓度为 250mg/5mL，即 50mg/mL。适用于动物运输、保定、临床检查、小手术及各类大型手术，用于后者多作为诱导麻醉剂。犬肌内注射剂量为 5～10mg(0.1～0.2mL)/kg，猫肌内注射剂量为 7～10mg

(0.15～0.2mL)/kg，一次肌内给药的麻醉维持时间约 30～60min。临床多选静脉推注，使用剂量减半，先快速推注 1/3 剂然后缓慢推注，获得麻醉效果后停止推注，麻醉维持时间缩短为 10～15min。

③ 多咪静-舒泰 50：硕腾公司建议把 5mL 多咪静和 5mL 舒泰 50 混合均匀，静脉推注使用，既可以节约舒泰用量，也能提高药物效果和安全性。建议剂量：耗时短的小手术 0.04～0.06mL/kg，耗时长的大手术 0.06～0.08mL/kg，使用时须依据手术所需麻醉深度和时间、动物体质状况及麻醉师经验进行调整。注意：混合后立即标注配制日期。据硕腾公司资料，在 2～8℃冷藏避光保存，药效可维持 3 个月。

④ 乙酰丙嗪：又称马来酸乙酰丙嗪或乙酰普马嗪，是吩噻嗪的衍生物，可作为小动物的基础麻醉药和镇静药。临床使用通常限于健康动物，可单独使用乙酰丙嗪作为镇静药进行无痛性诊断，或与阿片类合用进行有痛性诊断和小手术。可以使用乙酰丙嗪以方便放置留置针，并减少诱导和维持麻醉中注射麻醉和诱导麻醉药的用量。术后使用小剂量乙酰丙嗪，可使苏醒平稳。皮下、肌内或静脉给药均可，但在水合状况和外周循环差的动物，建议进行肌内或静脉注射。猫和小型犬肌内注射推荐剂量为 0.05～0.2mg/kg；较大型犬推荐剂量为 0.02～0.4mg/kg。

⑤ 丙泊酚：适用于诱导和维持镇静和肌松，镇痛作用不足，因此通常须配合使用镇痛药。可辅助用于脊髓或硬膜外等局部麻醉，与常用的术前给药、神经肌肉阻断药、吸入麻醉药和止痛药配合使用。静注剂量为：犬 0.5mL/kg 体重，猫 0.3mL/kg 体重。维持剂量为每小时 4～12mg/kg，能保持令人满意的麻醉效果。

⑥ Alfaxan®：为一种新型固醇类麻醉药，含 Alfaxalone（阿法沙龙）10mg/mL，用于临床检查需要的镇静和手术麻醉诱导或麻醉维持，对 6 周龄及以上犬猫具有良好的安全性。本品无组织刺激性，推荐静脉途径给药，可与抗胆碱药、吩噻嗪类、苯二氮䓬类、非甾体抗炎药配合使用，但不可与其他静脉麻醉药同时使用。麻醉诱导剂量为犬 0.2～0.3mL/kg 体重、猫 0.5mL/kg 体重，给药时间应不少于 1min，以避免部分犬只可能出现的短暂呼吸抑制。

（2）麻醉药的保管（图 3-4）　严格实行专库专柜保管，不同麻醉药可存放在同一专用药品柜，执行双人保管制度。仓库内必须有安全措施，麻醉药品出入账专人登记，定期盘点。

图 3-4　麻醉药保管

麻醉药品入库前，坚持双人打开包装验收、清点，双人签字入库制度。过期失效的麻醉药品应清点登记，单独妥善保管；同时注意针剂容易遇光变质，专柜应采取遮光措施。

2. 注意要点

（1）麻醉风险与动物术前的身体状况或病情程度密切相关，尤其患有心、肝、肺、肾脏等方面的疾病情况下，会使麻醉风险加大。如果动物身体状况不良，需要择期手术，等动物身体好转后再行评估是否可以麻醉和手术。

（2）α₂-肾上腺素受体存在于中枢神经系统、外周植物性神经以及接受植物性神经支配的多个组织中，α₂-肾上腺素受体的激活可降低交感神经的活性而产生镇静和止痛作用，并且对其他中枢抑制剂或麻醉剂有显著的增效作用，因而使这些药物的使用剂量显著降低。多咪静和咹啶醒均禁用于患有心血管疾病、呼吸系统疾病、肝功能或肾功能损伤、休克、身体极度虚弱以及因极端高温、低温或疲劳所引起处于应激状态下的犬猫。

（3）动物个体对麻醉药的敏感性有所差异，为提高用药安全性，静脉推注麻醉药时必须缓慢，剂量少则需用生理盐水稀释后再行推注，并密切观察动物被镇静或麻醉的状态，达到理想的镇静或麻醉效果时即应停止推注。

（4）犬用舒泰后，心率、呼吸频率比基础心率、基础呼吸频率会上升 $10\%\sim20\%$。猫用舒泰后，心率有所增加，呼吸频率趋向于降低。这些变化在犬猫开始苏醒时恢复正常。

（5）乙酰丙嗪对犬猫心血管系统有明显的作用，静脉注射乙酰丙嗪（$0.1mg/kg$）后，每搏输出量、心排血量和平均动脉压均会降低 $20\%\sim30\%$。使用乙酰丙嗪作为麻醉前用药时，麻醉中应该密切监视动脉血压，并通过补液纠正低血压的高发生率。

（6）丙泊酚不能用于高脂血症或胰腺炎病例。

二、疫苗管理

适用于前台和助理对疫苗的了解和管理。

1. 操作流程

（1）疫苗储存（图 3-5）　置于 $2\sim8℃$ 普通冰箱冷藏，直立存放，有效期见产品说明。

图 3-5　疫苗储存

（2）接种注意

① 仅用于接种健康犬猫，禁止接种怀孕母犬猫，接种前需要详细问诊和临床检查，并告知主人疫苗接种可能出现的未知风险（如过敏）。

② 疫苗切勿冻结或长时间暴露于高温下或阳光直射。

③ 疫苗为一头份量，应一次用完。

④ 接种时，应按常规无菌操作，使用一次性注射器，并在客户面前操作。

⑤ 疫苗接种后要求在院观察 30～40min，以观察是否有急性过敏出现，若出现过敏，需第一时间呼唤医生进行必要的脱敏处理。

⑥ 用过的疫苗瓶应无害化处理。

⑦ 如果动物处于某些传染性疾病的潜伏期、营养不良、寄生虫感染、运输或应激环境状态下或存在免疫抑制，或者未按说明书进行接种，均可能引起免疫失败，严重情况下还会引发疾病。

2. 注意要点

（1）前台和助理必须熟知疫苗的相关知识。

（2）规避错误接种疫苗所引起的医疗纠纷。

三、药品摆放与进出

适用于医院药房及库房药品的管理。

1．操作流程（图 3-6）

（1）**药品摆放**

① 药品应按剂型或用途以及储存要求，分类陈列和储存。

② 药品与非药品、内服药与外用药应分开存放，易串味的药品与一般药品应分开存放，处方药与非处方药应分柜摆放，特殊管理药品应按照国家有关规定存放。

③ 药品区分为非处方药品区（存放非处方药品）和处方药品区（存放处方药品）。

④ 非药品区体现公司及门店风格，商品陈列应与企业文化、门店环境、整体气氛保持一致，具体包括醒目原则、方便原则、整洁美观原则、先进先出原则、关联性原则（将功能相同的药品放在一起陈列）。

图 3-6　药品摆放

（2）**药品进出**

① 药品到货后由分管人员录入系统，实物经验收人验收后

入库。

② 验收人员对入库药品的生产日期（批号）、有效期、数量、规格逐一核对，发现问题及时向采购人员反映。

③ 药品入库后，根据药品的种类和性质分类放置，做到系统账和药品实物相符。

④ 定期清仓、盘点，对过期药品单独存放并标识清楚，严禁使用过期、失效的药品。

⑤ 从药库取出药品时，相关人员应进行准确登记。

⑥ 药品使用过程中发现质量问题，应报告院长，并及时向采购部门反馈；同时对同类药品复检。

2. 注意要点

（1）药品摆放

① 按药物种类或用途分区放置，配伍禁忌药品严格分开放置，麻醉镇静类需独立专柜存放。

② 定期检查有效期，快过期药品单独存放并及时处理，严禁使用过期或劣质药品。

（2）药品进入

① 麻醉药品管理需专人负责，实行"双人双锁"制度。

② 药品入库需双人验收，核对批号、数量、有效期，并记录专用账册。

四、用品补给和清点

适用于医院、门店库房用品的管理。

1. 操作流程

（1）用品补给

① 确定所需用品及其数量，告诉供货商进货品种和数量，

如缺货，向供货商咨询到货时间。

② 登录医院管理系统进行操作，确认订单，提交给采购部负责人。

③ 订货到货后，仔细点货，检查每件货品生产日期、保质期均在标准范围内，商品无破损，确认收货，签单。

④ 最后一步，把到货用品记录到系统的商品库里。

（2）用品清点

① 登录系统，查看系统内的库存数量，和实际库存数量进行比对盘点，保证数目对得上。

② 清点时对商品的保质期检查一遍，如有过期商品及时弃用。

2. 注意要点

（1）用品补给

① 需由库管根据经营状况和市场需求填写《药品采购申请表》，经院长审批后，提交采购小组讨论采购数量、价格等细节。新供应商需经采购小组全面考察（包括价格、销售政策、售后服务等），并由全员参与谈判后签订合作协议。

② 实施合作伙伴备案制度，需索取供应商的营业执照、生产许可证、GSP证书等资质文件，并每年评审其质量体系、供货能力和售后服务，动态调整合作名单。严禁采购小组成员私自接受未合作企业的吃请或贿赂，违者罚款并调离岗位。

（2）清点

① 定期盘点与记录核对。需定期进行库存盘点（如药品、器械、耗材等），核对种类、数量、质量等信息，确保与库存清单一致。发现异常时（如账实不符或质量问题），需及时上报并追溯原因。

② 分类存放与效期管理。按药品、耗材等类别分区存放，避免混杂；对近效期药品设置预警机制，优先使用或处理临期药品。需定期检查库存环境（如温、湿度），确保符合存储要求，防止变质。

③ 出入库规范。严格执行"先进先出"原则，避免旧货积压；出入库时需详细登记时间、批号、数量等信息，并由双方签字确认。对退货或报损物品单独存放并标记，避免误用。

第三节　住院部管理

一、基本护理

适用于对住院动物的一般观察和日常护理。

1. 操作流程

（1）每天早晚牵遛（10～20min）外出活动（图3-7），回来后清洁、消毒笼子及猫砂盆。清洁前需要拍照记录情况，外出活动需拍视频，并附带文字描述。

图3-7　住院犬日常牵遛

（2）牵遛回来后待休息稳定后，进行基本生理指标测定，把结果记录在住院病例登记表中，包括体温、呼吸频率、呼吸音、心率、心音强弱、皮肤弹性、黏膜颜色、体表淋巴结和微循环状态（黏膜再充盈）等。

（3）了解住院动物当天的检查项目和治疗处方，严格按照处方要求对住院动物进行处理，包括配药、喂药、打针、输液、换药等操作。如有疑问或不懂，及时请教主治医师或住院部负责人。

（4）对住院动物进行的各项检查结果，及时告知分管该病例的主管医师。

（5）时刻观察和关注本人所负责的住院动物，包括定时定量喂食（采食量）、给予充足饮水（视医嘱）、保持笼子清洁、输液进度、粪便性状和尿量等，并将观察结果记录在住院病例登记表内。若出现异常情况，要及时告知主治医师和住院部负责人。

（6）下班前核对当日处方，告知主管医师有无完成所有治疗内容，存在哪些问题，并与夜班医师和助理交接。

2. 注意要点

（1）环境卫生　确保宠物住院的环境干净卫生，定期消毒，避免交叉感染，并保持室内通风良好，避免宠物呼吸污浊的空气。

（2）饮食管理

① 饮水：确保宠物有足够的饮水。

② 喂食：按照兽医的建议喂食，对于食欲缺乏的宠物，可以尝试给予高营养的流食或适当的饲料添加剂。手术后严格控制饮食，先给少量水，不要临时加餐，喂食从少量开始，直到食欲和食量恢复正常。

（3）行为管理

① 安抚：宠物在住院期间可能会感到焦虑和不安，需要额外的关爱和陪伴。主人可以在探望时间里给予宠物适当的安抚。

② 活动限制：限制活动避免伤口裂开，特别是术后初期，静养为主。

③ 环境安静：提供安静舒适的环境，减少噪声和干扰，避免宠物受到惊吓。

④ 健康监测：及时观察和记录宠物的体温、呼吸、粪便等生理指标。

⑤ 伤口护理：保持伤口清洁干燥，避免感染。观察伤口情况，确保没有渗出、异味、发热、疼痛等症状。

⑥ 排泄情况：确保宠物能够正常排尿、排便，对于无法自行排尿、排便的宠物，可以考虑导尿（间歇性导尿）或导泻。

二、给食给水

适用于每天对住院动物进行饲喂的工作要求。

1. 操作流程

所需物品：食盆、食物、清洁水。

（1）给食　和主人确认宠物喜欢吃哪些食物、每餐进食量及每天饲喂次数。在宠物采食正常或基本正常的前提下，保持院内饲喂和家中基本一致，或参看宠物食品袋上的推荐饲量给食。

如宠物因病不能正常采食，或因治疗需要限制饮食或特殊喂食时，按照医嘱给食或限食。并要在住院登记表上记录每餐喂食时间、喂食量和动物的采食情况。必要时需要拍小视频或拍照。

（2）给水　选择与宠物体重或体型相适宜的水盆放水（图3-8），或对宠物饮水无特别限制时，保证宠物有充足的饮水。

要经常检查水碗的卫生，确保饮水清洁。

图 3-8　住院犬给水

如宠物因病不能正常饮水，或因治疗需要限制饮水时，按照医嘱给水或限饮。

犬猫一天水分维持量约为 $2mL/(kg \cdot h)$。

2. 注意要点

（1）各个品牌宠物粮或处方粮包装袋上都有按体重的每天推荐饲量，可参照饲喂。

（2）每只宠物对商品化食品的喜爱程度及接受程度不同，有的个体甚至还会发生过敏反应，饲喂前需了解该宠物是否对某品牌食品不耐受或过敏。

（3）无法确定该宠物是否对某品牌食品耐受时，可适量饲喂并密切观察有无异常反应。

三、日常清洁

适用于住院动物面部和体表的日常清洁。

1. 操作流程

所需物品：纱布块、纸巾、梳子。

（1）动物保定　参看台面保定或站立保定内容。

（2）清洁面部　可使用湿、干纱布块擦去动物眼睛及眼周的分泌物，另用纸巾依次清洁动物的鼻孔—口周—耳朵—背部—腹部—四肢—肛周附着的食物或分泌物。耳道应用专业的洗耳液清洗。若动物面部或体躯污染或感染严重，要做相关的检查后，由医生制定护理方案，并按医嘱操作。

（3）清洁体躯　体表如有水渍或尿液，需要用吹风机吹干；如有粪便，应冲洗后用吹风机吹干。对于不能洗澡的病患可选择免洗泡泡或局部体表清洁液清洗，吹干。

（4）笼具清洁（图 3-9）　参考笼具清洁方法，把住院动物笼子清理干净并做好消毒。

（5）动物进笼　在笼内铺上纸尿片成干净的毛毯，把动物放进笼子，确保笼门紧闭。

图 3-9　笼具清洁

2. 注意要点

确保动物居住的笼子干净干燥后，才能把动物放入。

四、犬只牵遛

适用于每天将住院犬只牵出院外活动的管理。

1. 操作流程

所需物品：牵引绳、脖圈、嘴罩、纸巾（拾便器）。

（1）遛前准备　打开笼门，在笼内套上牵引绳，给有异食行为的动物另戴嘴罩或者脖圈，然后带出笼子。

（2）清洁笼具　根据医院分工，通知负责同事对笼子及笼内物件清洁。

（3）牵遛注意　尽量走人行道或草坪，防止动物摄入地面上不明来源的食物和异物，远离车辆和其他动物，保持动物在自己的视野内，及时清理动物粪便，发现异常或按医院要求对牵遛过程拍照或录小视频。

（4）送回动物　遛犬回来后，视必要对动物体表进行清洁，检查确保笼子已清洁，将动物放进笼子，并关好笼门。

（5）完成记录　将牵遛时动物的运动行为、排便情况、粪便性状及有关异常进行记录，按工作职责转告主管医师。

2. 注意要点

（1）外出牵遛时牵引绳必须时刻保持绕手一圈后牢牢抓住，且保证牵遛动物的距离必须在能及时控制的距离，以防其逃窜。

（2）对兴奋性强或容易激动的动物，建议使用两条跨胸交叉牵引带套上。

（3）牵引绳的选择务必要合适，保证动物安全，防止意外受伤或走失。

（4）外出牵遛时，牢记带上纸巾或拾便器。

五、病例探视

适用于客户探视自家住院动物时的流程管理。

1. 操作流程

（1）查询信息　前台核实客户信息，调出动物档案，注意动物入院时间、有无欠费等情况，发现问题及时通报前台主管处理。

（2）助理带路　前台呼叫医疗助理，由医疗助理带客户进入住院部。并通知动物的负责医生，让其与主人沟通交流。

（3）封闭区域　助理带客户进入住院部后，应依次关闭住院区大门和病房门，防止宠物突然跑出。

（4）检查笼具　客户探视（图3-10）结束后，助理应检查该动物有无出现意外情况，以及（但不限于）笼门是否关紧、水碗中水是否饮净、有无排便、输液是否结束等，并依轻重缓急恰当处理。

图3-10　病例探视

（5）礼送客户　送客户离开时，助理应询问医师和前台，有无事宜与客户沟通，之后礼貌送客户离开，包括（但不限于）为客户开门、提醒客户带上自己的物品等。

2. 注意要点

（1）宠主探访时，医疗助理应该全程陪伴探访。

（2）助理须密切留意宠主是否携带食物或用品给予动物，要及时咨询医师是否能用。

六、出院流程

适用于动物出院时相关事项的流程管理。

1. 操作流程

（1）核实信息　核实客户信息，调出动物档案信息，再看动物是什么时候入院、入院期间产生的费用等情况。与负责医生核实处方是否有遗漏。

（2）结算费用　前台与客户解释费用情况，沟通无误后结账；同时呼叫医疗助理去住院部整理该客户（或该动物）所用物品。

（3）整理物品　医疗助理将动物主人自带物品收拾到一起，将带回家的药物等标记、分类好，并附带医嘱。将猫咪装袋、犬只系好牵引绳，带出住院部。

（4）移交动物　助理和前台及主管医师沟通，如已完成结算且无任何问题，将住院动物及其所用物品、药品一起移交给客户。并让主人在入院申请表上写明"已接宠物"。

（5）礼送客户　医疗助理向客户简述动物住院情况，必要时由主治医师向客户交代出院后的注意事项（图3-11），之后送客户离开。

2. 注意要点

（1）若非主人接宠物出院的，需要电话核实真实性。

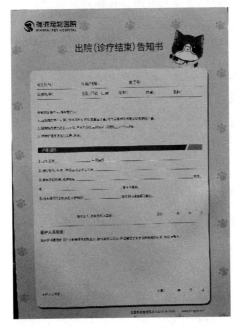

图 3-11　出院（诊疗结束）告知书

（2）若非主人接宠物出院的，出院时必须要客户签署"已代接宠物"。

七、助产

适用于对妊娠犬猫预产期及分娩期的检查和技术操作。

1. 操作流程

所需物品：乳胶手套、剪刀、止血钳、纱布、毛巾、棉线、碘伏、保温箱（如动物治疗监护室、泡沫箱、加热垫等）。

（1）检查产道　当怀孕犬猫进入预产期前 1 周，使用 B 超检查胎儿活力和数量，用 DR 测量母体骨盆横径，判断自然顺产的可能性。

（2）撕去胎衣　当犬猫幼仔自然产出或辅助其产出后，将其体表的胎衣快速撕去，剥离胎盘。

（3）促进呼吸　立即用纱布擦干幼仔口鼻内黏液以防窒息，或一手固定头颈部，一手握住其躯干，两手同时轻甩，将其口鼻内液体甩出或用自动吸鼻器将口腔和鼻腔内的羊水吸出，同时观察幼仔能否自主呼吸，必要时有节律地按压幼仔胸部帮助其出现自主呼吸。按压时适当给予氧气。

（4）结扎脐带　用手术丝线结扎幼仔脐带后剪断，用碘伏消毒。结扎脐带时结扎位点应与脐孔保持 1cm 左右，不能过短，也不能过长。

（5）幼仔保温　用干净毛巾擦干幼仔体表，将其称重后放入保温箱内。

2. 注意要点

规范断脐，保持生长环境干燥，避免脐带感染。

八、新生仔护理

适用于对新生仔的护理。

1. 操作流程

所需物品：保温箱、棉布、碘伏、奶瓶、体温计等。

（1）观察呼吸　幼仔在出生后 30s 到 1min 内必须出现自主呼吸，否则将窒息死亡。起初为腹式呼吸、断续呼吸，出生 1～2d 后肺泡音清晰。

（2）处理脐带　保持脐带清洁，防止感染，防止幼仔相互舔吸脐带而导致发炎。脐带在生后 7d 左右干枯脱落，脱落时间会受环境及健康状况影响。

（3）测量体温　幼仔的体温调节功能较差，随着体表水分丢失，出生 1~2h 后体温会降低 0.5~1℃，多依靠强有力的哆嗦和肌肉活动提供热量。一般 3d 内体温呈上升趋势，后趋于正常。若遭受感染则体温升高，病危则体温下降。因此，幼仔的护理关键之一是做好保温。

（4）观察吮乳 在适宜温度的环境中，将幼仔放在母犬/母猫乳汁充足的乳头处，若能正常吮乳，只需看护不被母犬/母猫压到或被别的幼仔挤掉即可；若幼仔不会吮乳，则需帮助其张开嘴巴，并挤出一滴母乳让其吮吸，帮助吮乳并照看其不被挤压。无母乳可吃或不能吮乳的幼仔，可以手指蘸糖放入其口中引诱吮吸，或为了保证其营养而必须人工哺乳。人工哺乳可选羊奶粉、商业宠物奶粉或其他母犬/母猫初乳，定时给予定量、定温的乳水。具体要求如下：

① 定时：每天 6 次，每 3h 一次，可 7：00 开始，注意夜间幼仔的看护。

② 定量：按日龄及体格大小不断调整奶量进行饲喂。

③ 定温：冲调奶粉保持 40℃ 水温，若用当日鲜乳，喝前须煮沸。把备用乳放在冰箱内保存。代乳制品最好每次一冲，喂乳工具必须每天消毒。喂乳时尽量让其自饮。如用奶瓶，不要让奶嘴高于头顶，以免把乳吮进气管，避免吸进空气，引起肚腹胀痛。如果腹泻，应减少喂乳量和饲喂次数，必要时进行治疗。

（5）协助排便 每天需要用干净棉签轻轻按摩和擦拭幼仔肛门和尿道口，以刺激幼仔排出胎粪和尿液。

（6）避免应激 保持房内清洁干燥，有良好的光照和通气，清除不良应激因素。

2. 注意要点

（1）研究表明，新生犬出生后第一周的死亡率为 28％，第二周则为 10%；猫与犬差不多，死亡率在 10%～40%。死亡原因主要是挤压、遗弃、饥饿等。

（2）温度　对于哺乳期幼犬，适宜的室温是：0～1 周龄为 28～32℃；2～3 周龄为 27℃；4 周龄以上为 23℃。2 周龄以内的幼犬，由于缺乏保护反射，必须依靠周围热源维持正常体温。

九、遗体处理

适用于门诊或住院动物死亡后的处置管理。

（1）遗体安置　寻找大小合适的纸箱，往里面铺上塑料袋以及尿布垫，将动物放入盒中，封好箱子并置于冰柜冷冻。

（2）处理方式　询问主人对动物尸体处理的愿望或方式，是自己带走、找地方火化，或留院代为无害化处理？按照国家有关法规，应说服主人接受无害化处理，并沟通好费用问题，然后签署相关的处理协议和告知文书。

（3）联系第三方　无论留院代为无害化处理或应主人愿望进行火化，均联系相关第三方上门收取，并告知动物种属和体重。

（4）遗体代管　如果主人决定自己带走或联系火化，暂时希望放在医院代为冷藏保管，应签署代管协议，内容包括保管时间和费用，并明确尸体处理方式和责任。

（5）移交动物　根据和主人确定的处理方式和交付时间，将动物尸体移交给动物尸体处理方，取得回执并妥善保管，以备客户查询。

第四节　清洁与消毒

一、环境清洁与消毒

适用于医院环境和物品的清洁与消毒。

1. 操作流程

所需物品：消毒剂及喷壶、玻璃清洁剂、抹布、塑料桶、橡胶手套、真空吸尘器等。

（1）玻璃清洁　玻璃门容易沾上宠物鼻印和爪印，客户推拉玻璃门也容易留下手印。因此，医院玻璃1天至少清洁2次，确保清洁后看不到任何印迹和条纹。消毒剂会在玻璃上留下条纹，清洁玻璃时最好使用玻璃专用清洁剂。

（2）表面清洁　贴瓷片的墙壁和各类物品表面可用干净湿抹布擦拭，如有病原污染，可用市面销售的医院专用消毒液，按一定倍数稀释后浸湿抹布擦拭。但有机氯类消毒剂不可用于不锈钢家具或笼具，因对其具有腐蚀性。

（3）地面清洁　先将地面上的排泄物清理干净，然后向地面喷洒消毒水（图3-12），停留数分钟后，用地拖将消毒水拖干，之后可向空气中喷洒少量空气清新剂。

（4）被毛清除

① 台面或织物上的被毛，可用真空吸尘器、潮湿海绵或湿布擦拭除去。

② 地面上的被毛，可用湿地拖清除，再把地拖在水桶或清洗池内冲洗干净。

③ 清除空气过滤网上的被毛，手术区每周应更换过滤网1

图 3-12　环境清洁与消毒

次，其他区域 1 年应至少更换过滤网 4 次。

（5）衣物清洁　医院衣物可分成三类：外科手术服、常规工服和被传染病病原污染的工服。这三类衣物应分类放置、分别清洁。有血迹的衣物可先用 3% 过氧化氢（医用双氧水）预处理 10～30min，再用冷水浸泡 30min。被传染病病原污染的工服可用适当稀释后的 84 消毒液浸泡消毒 20～30min，然后用清水洗涤、漂洗干净。在衣物洗涤过程中，可加织物柔顺剂，如此洗后穿着会比较舒适。

（6）垃圾桶清洁　垃圾桶或大的储存容器都应套上塑料袋，也可以在一个容器底部多套几个塑料袋，这样就能在取走一个装满垃圾的塑料袋后又有了下面干净塑料袋，有利于减少步骤，提高清洁效率。

2. 注意要点

（1）医护人员必须清楚院内所有无生命物品的表面、空气中和自己身上都可能存在病原体，清洁消毒措施与每个人、每个区域、每个病例的诊疗过程密切相关，任何人在任何时候都应遵守医院卫生管理制度。

（2）物品表面擦拭方法　使用湿抹布从台面最右边直线擦拭到左边，再回到最右边直线擦拭到左边，直至擦完整张台面，再垂直把最左边的边缘擦拭干净，反复两次即可。

（3）物品表面和地面的清洁和消毒应采用双桶法，即先用一个桶对地拖清洗污染物，然后使用另一个桶对地拖进行消毒。

（4）每次使用洗衣机后，注意取出纱布过滤器内的纱丝或碎屑。

（5）洗衣机和烘干机避免超负荷使用，并要经常清洁内胆，防止清洁剂残留。

二、笼具清洁与消毒

适用于宠物寄养笼或住院笼的清洁消毒。

1. 操作流程

所需物品：消毒液及喷壶、毛巾、橡胶手套、可移动短小紫外线灯等。

（1）清洁底盘　从笼内将底盘取出，放入清洁池内，先将犬猫排泄物冲刷干净，再喷洒消毒水，放置在一边晾干。

（2）清洁底板　从笼内取出底板，放入清洁池内，先将底板正反两面残留的动物排泄物冲刷干净，再喷洒消毒液，放置在一边晾干。

（3）笼壁消毒　向笼壁四周喷洒消毒液（图3-13），再用一条干净毛巾对笼内四壁进行清洁，数分钟后用清水和清洁毛巾重新将笼壁四周清洗和擦拭一次。笼门和笼顶采取同样的清洗方式。

（4）铺垫尿垫　将底盘和底板放回笼内，在底板上铺垫宠物一次性尿垫备用。

图 3-13　笼具清洁与消毒

（5）加强消毒　如果是传染病房的笼具，在笼内放置短小紫外线灯进行辐射消毒 30min 后方可使用。

2. 注意要点

（1）每一只宠物使用笼具后，都要立即清理、消毒，并用紫外线灯照射 30min。

（2）消毒后必须要用清水过洗一次，避免有消毒液残留在笼壁上，对宠物皮肤造成刺激，并避免宠物因舔笼门而中毒。

（3）要选择无气味或气味清新的消毒液，否则必须通风，待没有气味后才能放入宠物。

三、手术室地板清洁与消毒

适用于医院手术室的清洁与消毒。

1. 操作流程

所需物品：消毒剂及喷壶、地拖及地拖桶等。

（1）手术室地板应使用"手术室专用"地拖和水桶，不能将动物医院日常门诊使用的地拖和水桶用于手术室清洁，反之也不能在手术室以外区域使用手术室专用的地拖和水桶。

（2）清洗程序采用双地拖法，即第一个水桶装干净水，专用于清洗地拖；第二个桶装消毒液，用于实际擦洗。当用浸消毒液的地拖拖完部分地板后，先在第一个水桶中清洗地拖并挤干，再浸入消毒液中取出，接着对剩余地板擦洗消毒。如此反复，将整个手术室地板清洗、消毒完毕。

（3）从手术室最远的角落拖向门口，对包括手术台在内的所有可移动设备移动后，将其下面地板擦洗干净，再将它们恢复原位。最后在关闭手术室门后，开紫外线灯对内部进行消毒（图3-14）。

图 3-14　手术室清洁与消毒

（4）清洁消毒完毕，冲洗干净地拖并悬挂晾干，冲洗干净水桶并倒空，待下次使用时再装入清水和消毒液。

2. 注意要点

（1）"手术室专用"地拖和水桶平时可存放在手术准备室。

（2）平时尽可能地减少出入手术室的人员和次数，并在手术前一天对手术室进行一次整体消毒。

参考文献

［1］吴敏秋，沈永恕．兽医临床诊疗技术 ［M］．4版．北京：中国农业大学出版社， 2014.

［2］范开，董军．宠物临床显微检验及图谱 ［M］．北京：化学工业出版社， 2006.

［3］韩博．动物疾病诊断学 ［M］．北京：中国农业大学出版社， 2005.

［4］邓干臻．宠物临床诊疗大全 ［M］．北京：中国农业出版社， 2004.

［5］袁占奎，何丹，夏兆飞，等．小动物临床技术标准图解 ［M］．北京：中国农业出版社， 2012.

［6］李玉冰，范玉良．宠物疾病临床诊疗技术 ［M］．北京：中国农业出版社， 2007.

［7］吴敏秋，周建强．兽医实验室诊断手册 ［M］．南京：江苏科学技术出版社， 2009.

［8］宋大鲁，宋旭东．宠物诊疗金鉴 ［M］．北京：中国农业出版社， 2009.

［9］须建，彭玉红．临床检验仪器 ［M］．2版．北京：人民卫生出版社， 2016.

［10］高得仪，韩博．宠物疾病实验室检验与诊断彩色图谱 ［M］．北京：中国农业出版社， 2004.

［11］余建明，李真林．医学影像技术学 ［M］．北京：科学出版社， 2018.

［12］何英，叶俊华．宠物医生手册 ［M］．沈阳：辽宁科学技术出版社， 2003.

［13］刘志学，赵凯，王玉珠．心电图在动物疾病与麻醉中的应用 ［M］．畜牧兽医科技信息， 2005（1）： 63-64.

［14］丁岚峰，杜护华．宠物临床诊断及治疗学 ［M］．哈尔滨：东北林业大学出版社， 2006.

［15］林德贵．动物医院临床技术 ［M］．北京：中国农业大学出版社， 2003.

［16］黄利权．宠物医生实用新技术 ［M］．北京：中国农业出版社， 2006.

［17］李志．宠物疾病诊治 ［M］．2版．北京：中国农业出版社， 2006.

［18］丁岚，李金岭．动物临床诊断 ［M］．北京：中国农业出版社， 2008.

［19］侯加法．小动物疾病学 ［M］．北京：中国农业出版社， 2002.

［20］贺宋文，何德肆．宠物疾病诊疗技术 ［M］．重庆：重庆大学出版社， 2008.